园林花卉景观设计

LANDSCAPE DESIGN OF GARDEN FLOWERS

胡长龙　胡桂红　胡桂林◎编著

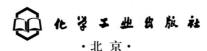

化学工业出版社

·北京·

当今绿色环保的花卉景观已经成为社会的时尚、人类社会文明的象征。我们的城市、企业、家庭更需要一个绿色的花园式的花卉景观与我们相伴。《园林花卉景观设计》在明确花卉景观概念和设计基本原理的基础上，重点讲述花坛景观、花境景观、花台景观、花箱景观、切花景观、花卉小品景观的设计、制作和养护管理技术要点。特别是介绍了150多种常用的相关花卉植物，并配有相应的实际案例彩色照片，以便读者参照识别和应用。

《园林花卉景观设计》文字精练，通俗易懂，花卉景观设计的理论与实际应用紧密结合，适合园林、风景园林、花卉景观设计者及科研、管理人员以及园艺爱好者参阅使用，也适宜作为高等院校风景园林、园林、园艺、建筑、旅游、艺术、景观设计等专业教材。

图书在版编目（CIP）数据

园林花卉景观设计 / 胡长龙，胡桂红，胡桂林编著 . —北京：化学工业出版社，2015.12
（园林景观设计丛书）
ISBN 978-7-122-25883-0

Ⅰ. ①园⋯　Ⅱ. ①胡⋯ ②胡⋯ ③胡⋯　Ⅲ. ①园林设计—景观设计
Ⅳ. ①TU986.2

中国版本图书馆 CIP 数据核字（2015）第 306606 号

责任编辑：尤彩霞
责任校对：王素芹　　　　　　　　　　　　装帧设计：八度出版服务机构

出版发行：化学工业出版社（北京市东城区青年湖南街 13 号　邮政编码 100011）
印　　装：北京画中画印刷有限公司
787mm×1092mm　1/16　印张 16¾　字数 439 千字　2016 年 3 月北京第 1 版第 1 次印刷

购书咨询：010-64518888（传真：010-64519686）　售后服务：010-64518899
网　　址：http://www.cip.com.cn
凡购买本书，如有缺损质量问题，本社销售中心负责调换。

定　　价：128.00 元

PREFACE

前言

　　我国是世界上拥有花卉种类最为丰富的国家，也是世界花卉景观的发源地。劳动人民在悠久的历史长河中利用花卉植物驯化、培育、创造了丰富的花卉景观。例如，花卉植物群落景观、花卉植物个体形象景观、室内外人工创作的美丽景观等。花卉景观与人们的生活关系非常密切，它不断地被注入人们的思想和情感，不断地被融进中国文化与生活之中。

　　《园林花卉景观设计》中所说花卉景观是指宏观大尺度的景观，以花卉植物为主体，着重运用草本花卉植物等为主要题材，配合部分花灌木，依据花卉的特性、美学原则，运用一定的园艺和园林技术原理，经过陪衬、组合来布置装饰环境；通过艺术手法，充分发挥植物的形体、线条、色彩等自然美，或者通过把植物整形修剪等艺术加工，形成具有一定特征的形体而创作的植物景观。

　　花卉景观就是以花卉植物群落为主体的生态系统和人工植物群落。花卉植物造景科学与否，直接关系到植物群落景观的稳定与持续发展，进而关系到整个系统的生态作用。为了提高花卉景观的观赏特性和选择好花卉的种类，还要掌握花卉形态特点，应用花卉景观艺术构图的形式美，来创造新的花卉景观，形成"虽由人作，宛自天开"的景观效果。人们满意的花卉景观首先要与其生态环境相适应，如果不能与花卉种植的生态环境相适应，花卉景观就会是昙花一现，不能持续发展；其次就是花卉景观的个体美与群体美形成美的统一体，如果花卉景观群落不符合自然界的植物群落的生长发展规律，也就难以达到预期的艺术效果。城市里的花卉景观可形成绿色网络的骨架，维护行车安全，改善城市小气候，净化人们的生活环境，增添城市的风景，展示城市特色，凸显社会经济效益，进而创造绿色花园城市。

　　当今绿色环保的花卉景观已经成为社会的时尚、人类社会文明的象征。我们的城市、企业、家庭更是需要一个绿色的花园式的花卉景观与我们相伴，所以花卉景观设计就成了当务之急，这也是《园林花卉景观设计》编写的目的所在。本书在明确花卉景观概念和了解设计的基本原理的基础上，重点讲述花坛景观、花境景观、花台景观、花箱景观、切花景观、花卉小品景观的设计、制作和养护管理技术。特别是介绍了150多种相关的常用花卉植物，并附有相应的彩色照片，以便读者参照识别应用。

　　《园林花卉景观设计》是作者多年来教学和实践的体会，文字精练，通俗易懂，园林花卉景观设计的理论与实际应用案例紧密结合，并附有大量的实际经典案例图片，供各地设计人员参考。

　　本书适合花卉景观设计、园林、风景园林、环境艺术等相关设计师、工程师以及园艺爱好者参阅使用，也适宜作为高等院校风景园林、园林、园艺、建筑、旅游、艺术、景观设计等专业教材。

胡长龙

2016年1月于南京

目录 CONTENTS

第一章
花卉景观概述

本章概述花卉景观的概念，特性，类型，设计原则，花卉景观的意义和我国花卉景观的发展。

一 花卉景观的概念

　　我国植物种质资源最为丰富，约25000种，其中乔木2000种，灌木与草本约2300种，并传播到世界各地。花卉是绿色生命的要素，它与园林、造景、造园、园艺等人类生活关系极为密切。可以说花卉是具有主体休闲和生活价值的植物总称，它是人们各种心理欲望的一种重要归属物。例如审美的需要、摆设的需要、修养身心的需要、心灵的寄托等。总之花卉应该是人类智慧与灵感交汇的集结载体，更是生活素养提高的精神消费物。随着景观生态学的发展，景观有了新的定义：景观是一个由不同土地单元镶嵌组成，具有明显视觉特征的地理实体，它处于生态系统之上，大地理区域之下的中间尺度；兼具经济、生态和文化的多重价值。景观可概括为狭义和广义两种，狭义景观，即人们通常所指的宏观景观，是指在几十千米至几百千米范围内，由不同类型生态系统所组成的、具有重复的异质性地理单元；广义景观，包括出现在从微观到宏观不同尺度上的、具有异质性或缀块性的空间单元。广义景观概念强调空间异质性，景观的绝对空间尺度随研究对象、方法和目的而变化。它体现了生态学系统中多尺度和等级结构的特征。

　　花卉景观是指有生命的花卉植物景观，它包含自然界的花卉植被景观、花卉植物群落景观、花卉植物个体所表现的形象景观，也包括在室内外运用花卉植物题材人工创作的美丽景观。这种景观通过人们的感官传到大脑皮层，产生一种实在的美的感受和联想。总之花卉景观是指具有主体休闲价值的植物景观总称。本书所说花卉景观是指宏观大尺度的景观，以花卉为主体，着重运用草本花卉植物等为主要题材，配合部分花灌木，依据花卉的特性、美学原则，运用一定的园艺和园林技术原理，经过陪衬、组合、来布置装饰环境；通过艺术手法，充分发挥植物的形体、线条、色彩等自然美，或者通过把植物整形修剪等艺术加工，形成一定几何特征的形体创作的植物景观，以营造出美的自然景观。也就是在人居环境中进行花卉植物景观的再创造，即按照植物生态学原理、艺术构图和环境保护要求，进行合理配置，创造各种优美、实用的花卉植物景观，以充分发挥综合功能和作用，尤其是生态效益。创造花团锦簇、绿草如茵、荷香拂水的优美环境，使人居自然环境得以改善和提高。

二 花卉景观的特性

1. 自然的特性

花卉景观是有生命的花卉植物的自然产物，它具有自身的生长发育规律和生活习性。在进行花卉景观设计造景时，必须科学地尊重自然规律，保护自然资源，利用自然植被与地形生境条件，尽可能地处理好人与自然的关系，最大限度地改善人居环境，维持自然生态平衡，才能创造出自然、优美、和谐的花卉景观，达到真正意义上的改善和提高人们的生存与生活环境。

2. 复杂的特性

自然界花卉植物种类极其丰富，类型繁多，各种花卉植物的生活习性、形态特征以及不同绿地的功能与生境条件多种多样、千变万化。设计师必须具备植物学、植物分类与栽培、土壤学、气象学、生态学、艺术与美学等知识，要因地制宜，根据不同的现状和资源条件，设计相应的生境类型，并认真考虑植物的生态习性和生长规律，选择合适的植物种类，使各种花卉植物都能适应环境，各得其所，各自能够正常生长和发育，充分发挥植物个体、种群和群落的景观与生态效益，并为其他生物的正常生活提供合适的生态环境。

3. 可变的特性

花卉景观不是孤立存在的，花卉植物个体与个体、主体与群体、群体与环境或个体与环境之间存在着相互影响和作用。花卉景观存在的环境包括地形、建筑设施、动物、人类活动、其他植物以及土壤、大气等自然因素。花卉植物景观形态与色彩在众多因素的影响下是不断变化的。能否处理好花卉植物与环境的关系，是花卉景观景设计成败的关键。

4. 双重美感的特性

花卉景观具有很高的艺术价值、观赏效果和纪念意义。花卉景观表现出独特的自然属性和自然美（包括形态、色彩、香味等），人们设计花卉景观也往往借助于植物造景，表现丰富的人文内涵，从植物景观的人工造型，到植物素材性格的拟人化，使花卉景观这一自然景观内容蕴含了深远的人文意境美。因此，花卉景观设计者应具有自然与人文双重美感的理念。

5. 可预见的特性

花卉景观是有生命的景观元素，具有其自身的生命过程。植物从小到大，生长发育，花叶枯荣，不同季节，不同时期，具有不同的形态与色彩变化。大多数花卉植物的景观随季节的更替而变化。花卉景观设计应顾及四季景色，应用较多的植物种类，使人居环境在每一个季节里都有代表性的花卉景观。这样，随着时间的推移，季节的交替，呈现出变化丰富的优美景色，展现出大自然赋予绿地空间的无穷魅力。进行花卉景观设计时，必须了解这一复杂特性，能够准确地预见和把握植物景观的变化特点，这样才能使景观的实施和发展结果与设计思想或愿望相吻合，达到预期的目的。

三 花卉景观设计原则

花卉景观效果和艺术水平在很大程度上取决于花卉植物的选择和配置。花卉植物花色丰富，有的花卉在一年中多次表现景观价值，或者开花，或者结果。如银杏，仅在秋季叶子橙黄色时十分显眼；紫荆在春季不仅枝条而且连树干在叶芽开放前为紫色花所覆盖，给人留下深刻的印象。还有的种类一年中产生多次景观效果，如七叶树的春花和秋季的黄色树冠均富有景观性；忍冬初夏具大量黄色花，秋季有橙红色果，应从不同园林植物特有的景观性考虑花卉景观设计，以便创造优美、长效的花卉风景。

1. 满足功能要求

花卉景观应满足使用功能的要求，根据花卉植物生态环境条件的不同，因地制宜选择适当的植物种类，使花卉植物本身的生态习性和栽植地点的环境条件基本一致。如街道花卉景观要选择易活、适应城市交通环境、耐修剪、抗烟尘、干高、枝叶茂密、生长快的树木作行道树；山体上园林植物景观要选择耐旱植物，并有利于山景的衬托；水边园林植物景观要选择耐水湿的植物，要与水景协调；工厂植物景观要保证生产安全，具有防护功能，并不能影响人们的休息；烈士陵园要注意纪念性意境的创造等；公园花卉植物景观要选择具有常青意境的植物，引人注目的出入口和广场配置各种花坛、花境和具有纪念意义的雕塑等。

2. 注意层次丰富

分层配置、色彩搭配是植物搭配艺术的重要方式。不同的叶色、花色，不同高度的植物搭配，使色彩和层次更加丰富。如1m高的黄杨球、3m高的红叶李、5m高的桧柏和10m高的枫树进行配置，由低到高，四层排列，构成绿、红、黄等多层树丛。不同花期的种类分层配置，可使景观观赏期延长。

3. 结合花叶搭配

观叶植物，如叶色紫红的红叶李、红枫，红叶小檗、秋季变红叶的槭树类，变黄叶的银杏等均很漂亮，和观花植物组合可延长观赏期，同时这些观叶树也可作为主景放在显要位置上。就是常绿树种也有不同程度的景观效果，如淡绿色的柳树、草坪，浅绿色的梧桐，深绿色的香樟，暗绿色的油松、云杉等。

4. 突显季节变化

花卉植物景观要避免单调、造作和雷同，形成春季繁花似锦，夏季绿树成荫，秋季叶色多变，冬季银装素裹，景观各异的特色。按季节变化可选择的树种有早春开花的迎春、梅花、桃花、榆叶梅、连翘、丁香等；晚春开花的蔷薇、玫瑰、棣棠等；夏季开花的木槿、紫薇、万寿菊、孔雀草、马齿苋、荷花、睡莲和各种草花等；秋天观叶的红枫、海棠、山里红、菊花等；冬季有常绿花灌木、腊梅花、羽衣甘蓝、红叶菜等。

5. 协调造型花期色彩

花卉景观设计应在花色、花期、色泽、花型、树冠形状和高度、植物寿命和生长势等方面相互协调。如木绣球前可植美人蕉，樱花树下配万寿菊等，可达到三季有花、四季常青的效果。同时，还应考虑到每个组合内部植物构成的比例以及这种结构本身与观赏路线的关系（图1-1~图1-6）。

图1-1　纪念性公园广场的花坛景观，衬托主景观雕塑

图1-2　为了满足动物乐园功能的要求而创造的标题模纹花坛景观

图1-3　乔木、灌木、草花，层次丰富的街头绿岛花坛景观，体现了一年四季的景观和色彩

图1-4 前面黄色花卉及红叶花灌木，在常绿树背景的衬托下，显得层次丰富，色彩互补多变

图1-5 花色、花期、色泽、花型、树冠形状和高度、植物寿命和生长势等多方面相互协调互补的花卉景观

图1-6 色彩多变的郁金香专类园，突显了春季景观变化

四 花卉景观类型

按照花卉景观的设计形式分类有：规则式花卉景观、自然式花卉景观、混合式花卉景观等；按植物类型分类有：木本花卉景观、草本花卉景观；按照花卉群体组合造型分类有：花丛景观、花带景观、花坛景观、花台景观、花境景观等。按花卉植物生境分类有：陆地花卉景观、水体花卉景观等。按花卉植物应用空间环境分类有：户外花卉植物景观、室内庭园花卉植物景观、屋顶花卉植物景观、疏林花卉景观、花篱景观、草坪花卉景观、插花景观等。总之，花卉景观有大自然的原生态花卉景观和人工的花卉景观，本书主要讲述人工的花卉景观。

1. 按照花卉景观的设计形式分类

（1）规则式花卉景观

规则式花卉景观，又称整形式花卉景观、几何式花卉景观、图案式花卉景观等，是指将花卉植物成行成列等距离排列种植，或作有规则的简单重复，或具规整形状，多使用模纹景观、整型树、植篱等。花卉植物的布置以图案式为主，花坛多为几何形，或组成大规模的花坛群等。通常运用于规则式或混合式布局在公园、广场、道路结点等各种环境中，具有整齐、严谨、庄重和人工美的艺术特色。规则式又分规则对称式和规则不对称式两种。规则对称式是指植物景观的布置具有明显的对称轴线或对称中心，花卉造型一致，或人工整型，花卉布置采用规则图案。规则对称式种植常用于纪念性园林，大型建筑物环境、广场等规则式园林绿地中，具有庄严、雄伟、整齐、肃穆的艺术效果，但有时也显得压抑和呆板。规则不对称设计没有明显的对称轴线和对称中心，景观布置虽有规律，但也有一定变化，显得自然活泼，常用于街头绿地、庭园等处。

（2）自然式花卉景观

自然式花卉景观，又称风景式、不规则式，是指植物景观的布置没有明显的轴线，各种植物的分布自由变化，没有一定的规律性。花卉植物种植无固定的株行距，形态大小不一，充分发挥花卉自然生长的姿态，不求人工造型，而充分考虑植物的生态习性，植物种类丰富多样，以自然界植物生态群落为蓝本，创造生动活泼、清幽典雅的自然植被景观。如自然式花境景观、自然式丛林花卉景观、疏林草地花卉景观等。自然式植物造型常用于自然式的公园、山水环境中，如自然式庭园、综合性公园安静休息区、自然式小游园、居住区的绿地中。

（3）混合式花卉景观

混合式花卉景观是规则式花卉景观与自然式花卉景观相结合的形式，通常指群体植物景观。混合式植物景观吸取了规则式和自然式的优点，既有整洁清新、色彩明快的整体效果，又有丰富多彩、变化无穷的自然景色；既有自然美，又具人工美。混合式花卉植物景观设计是根据规则式和自然式各占比例的不同，又分三种情形，即自然式为主，结合规则式；规则式为主，点缀自然式；规则与自然式并重等（图1-7~图1-9）。

图1-7　规则式花卉景观

图1-8　自然式花卉景观

图1-9　混合式花卉景观

2．按照花卉植物类型分类

（1）木本花卉景观

木本花卉景观是指用各种木本花卉进行造景。具体按景观形态与组合方式又分为孤植树景观、对植树景观、树列景观、树丛景观、树群景观、树林景观、植篱景观、造型树景观等。

（2）草本花卉景观

草本花卉景观包括草花、草坪、蕨类与苔藓植物造景等，是指对各种草本花卉进行造景，着重表现园林草花的群体色彩美、图案装饰美，并具有烘托园林气氛、创造花卉特色景观等作用。具体造景类型有花坛、花境、花台、花池、花箱、花丛、花柱以及其他装饰性花卉景观等。还有一些适应性较强的矮生禾本科植物，进行人工栽培，经一定的养护管理，所形成块状或片状密集的草坪景观，具体还分观赏草坪、游憩草坪、运动草坪、护坡草坪等（图1-10、图1-11）。

图1-10　木本花卉景观

图1-11　草本花卉景观

3．按照花卉群体组合分类

（1）花丛景观

花丛是用具有华丽色彩的花卉植物自然成丛组合的景观，它富有自然之趣，管理比较粗放。常用在自然式园林中，也适宜布置在建筑物旁、路旁、林下、草地、岩缝和水边。花丛多选用多年生、耐粗放管理的宿根或球根花卉，如蜀葵、芍药、鸢尾、萱草、菊花、百合、玉簪等。由于花丛体量较小，选材时应少而精，以一种或几种花卉为主体。同时，还应根据土壤条件和周边环境进行选材和配量。花丛要求自然式布置，栽种时各株间距不要相等，也不要成行成列地种植，避免形成直线。同时各种花卉要高低错落、疏密间致，富有层次变化，并注意游人前进的方向，各花丛应有变化，避免千篇一律。

（2）花带景观

花带是花卉呈带状的种植方式，其宽度一般为1m左右，长度为宽度的3倍以上。花带可设置在道路中央或两侧、水景岸边、建筑物的墙基或草地中，形成色彩绚丽、装饰性较强的连续景观。由于栽种方式不同可分为规则式花带和自然花带；按花卉植物材料的不同又可分为专类花带和混合花带。

（3）花坛景观

花坛是在具有几何图形轮廓的种植床内，成群种植各种花卉植物，运用花卉群体效果，体现图案纹样或盛花时绚丽的景观。花坛应用的植物材料主要为一二年生花卉、宿根花卉、球根花卉及少量的木本观赏植物。花坛常布置在建筑物前方、交通干道中心、主要道路或主要出口两侧、广场中心或四周草坪上等，与四周形成对比而引人注目，起到美化环境、分隔或联系空间的作用。

（4）花台景观

花台景观是用花卉植物种植在高出地面的台座上面形成的花卉景观，一般面积较小，台座高度多在40～60cm。花台多用于广场、庭园、台阶旁、出入口两边及窗户下等处。花台按形式分为规则式和自然式两种，规则式花台有圆形、椭圆形、方形、梅花形、菱形等。

（5）花境景观

花境是根据自然风景中林缘野生花卉自然散布生长的规律，加以艺术提炼而用于园林中的花卉应用形式，是花卉配置由规则式向自然式的过渡。花境一般为狭长形，常有变化的重复，其基本组成单元是高矮、花期不同的多种花卉。花境边缘可以是直线或曲线，依所处环境而定。花境依游人视线方向可设为单面观赏或两面观赏。单面观赏的花境通常以树丛、绿篱、墙垣或建筑物为背景，近游人的一侧植物低矮，逐远渐高，宽度约3～4m；两侧植物渐低，宽度约4～8m。花境植物材料应以适应性强、耐粗放管理、可露地越冬的多年生花卉为宜（图1-12~图1-21）。

图1-12　花丛景观－1

图1-13　花丛景观－2

图1-14　花带景观－1

图1-15　花带景观－2

图1-16 花台景观－1

图1-17 花台景观－2

图1-18 花坛景观－1

图1-19 花坛景观 - 2

图1-20 花境景观 - 1

图1-21 花境景观 - 2

4．按花卉植物生境分类

（1）陆地花卉景观

在陆地环境上种植花卉植物，内容极其丰富，陆地生境地形有山地、坡地、平地等，山地宜用乔木花卉种植，坡地多种植灌木花丛、花卉地被等；平地宜作花坛、草坪花卉、花境、树丛花卉、花卉树林等。

（2）水体花卉景观

水体花卉植物景观，是在湖泊、溪流、河沼、池塘及人工水池中造景。水生植物虽没有陆生植物种类丰富，但也颇具特色，历来被造园家所重视。水生植物造景可以打破水面的平静和单调，增添水面情趣，丰富园林水体景观内容。水生植物根据生活习性和生长特性不同，可分为挺水植物、浮叶植物、沉水植物和漂浮植物等（图1-22、图1-23）。

图1-22　陆地花卉景观

图1-23　水体花卉景观

5．按花卉植物应用空间环境分类

（1）户外花卉植物景观

户外花卉植物景观是园林植物造景的主要类型，一般面积较大，植物种类丰富，并直接受土壤、气候等自然环境的影响。造景设计时除考虑人工环境因素外，更加注重运用自然条件和规律，创造稳定持久的植物自然生态群落景观。

（2）室内庭园花卉植物景观

室内庭园植物景观多运用于大型公共建筑等室内环境布置。花卉植物造景的方法与户外绿地具有较大差异。设计时必须考虑到空间、土壤、阳光、空气等环境因子对花卉植物景观的限制。同时也注重考虑花卉植物对室内环境的装饰作用。

（3）屋顶花卉植物景观

屋顶花卉植物景观是在建筑物屋顶，或地下停车场上铺填培养土进行植物造景的方法。又分非游憩性绿化景观和屋顶花园造景两种形式。

（4）疏林花卉景观

疏林花卉景观是疏林与花卉布置相结合的花卉植物景观。通常在需要重点绿化美化的园林环境中设置，一般不允许人员进入活动。疏林花卉景观设计时要求树木间距较大，使林下有较好的采光条件，以利林下花卉生长。林下可以是一种花卉布置成的单纯花地，也可以由几种花卉混合搭配布置。多种花卉搭配布置时，一般将较耐阴的花卉布置于林荫下，不甚耐阴的花卉则布置于光照较好的林间空地或林缘。疏林花地以观赏为主，人员不能进入花地，以防踩踏花卉。但可以在林间设置游步道，沿步道还可设置座凳及座椅等设施。树林下也可配置一些喜荫的花灌木，如山茶、杜鹃、八角金盘、洒金桃叶珊瑚等。林下花卉以多年生宿根、球根花卉为主，成片种植，创造连片的花卉群落景观。

（5）花篱景观

花篱景观为花灌木的植篱，又称花篱。花篱除一般绿篱功能外，还具有较高的观花价值，或享受花朵之芳香。常用树种有桂花、栀子花、六月香、金丝桃、迎春、黄馨、棣棠、金钟、笑靥花、木槿、锦带花、郁季、珍珠梅、麻叶绣线菊、溲疏、黄刺玫、锦鸡儿、月季、米兰、紫荆、丁香、荛花、结香、花石榴、榆叶梅、红花继木、杜鹃、贴梗海棠等。花篱种植形式与一般植篱基本相同，不同之处在于，为使植物多开花，花篱一般不作或少作规则式修剪造型。又有彩叶篱、蔓篱、编篱、植篱之分。

（6）草坪花卉景观

草坪花卉景观是依草坪的功能与环境条件而定。游憩活动草坪和体育草坪应选择耐践踏、耐修剪、适应性强的草坪草，如狗牙根、结缕草、马尼拉、早熟禾等；干旱少雨地区则要求草坪草具有抗旱、耐旱、抗病性强等特性，如假俭草、狗牙根、野牛草等，以减少草坪养护费用；观赏草坪则要求草坪植株低矮，叶片细小美观，叶色翠绿且绿叶期长等，如天鹅绒、早熟禾、马尼拉、紫羊茅等；护坡草坪要求选用适应性强、耐旱、耐瘠薄、根系发达的草种，如结缕草、白三叶、百喜草、假俭草等；湖畔河边或地势低凹处应选择耐湿草种，如翦股颖、细叶苔草、假俭草、两耳草等；树下及建筑阴影环境选择耐阴草种，如两耳草、细叶苔草、羊胡子草等。

（7）插花景观

中国传统插花的显著特点是花枝较少，选材时重视花枝的美妙姿态和精神风韵，喜用素雅高洁的花材，造型时讲究线条飘逸自然，悉心追求诗情画意。而西方的插花讲究花朵的丰满、硕大、色彩鲜艳，构图多为球形或半球形，讲究对称均衡，利用很多的花朵，体现几何形体美（图1-24~图1-32）。

图 1-24　户外花卉植物
景观 - 1

图 1-25　户外花卉植物
景观 - 2

图 1-26　室内花卉植物
景观 - 1

图 1-27 室内花卉植物景观 -2

图 1-28 疏林花卉景观

图 1-29 花篱景观

图1-30 荷花草坪花卉景观

图1-31 插花花卉景观-1

图1-32 插花花卉景观-2

五 花卉景观的意义

花卉景观是人们生活环境设计的一项重要内容，它在环境景观设计中具有十分重要的地位和意义。在美化环境、创造休闲娱乐气氛和社会交往空间、提高人们文化素质、改善环境空气质量、维护人们身体健康、改善生态环境、维持生物多样性等方面都有非常重要的意义。

1. 美化生活环境，创造休闲娱乐气氛

城市居民普遍生活在钢筋水泥的森林里，常常感到压抑，从而有一种内在的返璞归真的需求，而花卉景观正可以美化环境，陶冶性情，丰富人们的精神生活。花卉景观装饰使城市生活更美好。花卉景观是人工生态系统中重要的元素之一，它凝结着现时的、历史的各种自然科学、文化精神价值，可以创造城市景观，提供休闲场所。在城市中，大量的硬质楼房形成了轮廓挺直的建筑群体，而花卉景观则为柔和的软质景观。若两者配合得当，便能丰富城市建筑群体的轮廓线，形成街景，成为美丽的城市景观，处处体现休闲娱乐气氛。特别是城市的道路和公园中的花卉景观更为普遍，它为人们提供了闲暇时间的休闲、保健场所，使紧张工作后的人们在此得到放松。现如今人们生活的城市景观中处处可见花卉景观的存在，无论是马路的两侧或是住宅小区的楼间，都离不开花卉的布置。因此，用花卉装饰环境已成为当今的一种时尚。

2. 丰富交往空间，提高人们文化素质

在城市开放空间系统中，花卉景观是现代文明、城市、历史、传统和发展成就的载体，也是当地自然环境、人文环境、社会风俗等要素相互作用的结果，更是人们赖以从事美好生活的一种心理模式。它能很好地反映一个地方精神文化的精髓。同时，还会孕育着先进的文化因子。不仅有利于更好地推广自身的先进文化，还可以挖掘潜力、不断弥补自身的不足，确保自身文化常青。花卉景观是人类智慧与灵感交汇的集结载体，更是生活素养提高的精神产物。良好的花卉景观作品有助于提升人们的生活素养，有利于人们更好地享受生活。在各种交际中，为适宜对象送上得体的花卉，表达了个人生活的标准，传递和寄托送花人的美好祝愿，也促进社会文明和谐发展。花卉景观是一个城市的宣传窗口，是向人们进行文化宣传、科普教育的主要场所，经常开展多种形式的活动，使人们在游憩中受到教育，增长知识，提高文化素养。

3. 提高空气质量，维护人们身体健康

随着城市人口的集中，交通和工业生产发展所放出的废水、废气、烟尘也越来越多，相应氧气含量减少，二氧化碳增多。不仅影响了环境质量，而且直接损害人们的身心健康。如果有足够的花卉植物景观进行光合作用，吸收二氧化碳，放出大量氧气，不仅能够美化环境，还能改善环境，促进城市生态良性循环，可以维持空气中氧气和二氧化碳的平衡，而且还会使环境得到多方面的改善。花卉景观具有吸滞烟尘、有害气体的能力，如二氧化硫、氟化氢、氯气等。人们感觉舒适的相对湿度为30%～60%，如空气湿度过高，易使人疲乏、情绪低落，过低则感到干燥，使人烦躁。由于花木的叶面具有蒸腾水分的作用，能使周围空气湿度增高。空气湿度的增加，大大改善了城市小气候，使人们在生理上具有舒适感。花卉景观等植物覆盖，其上空的灰尘相应减少，因而也减少了黏附其上的病原菌。另外，许多园林植物还能分泌出某种杀菌素，具有杀菌作用。花卉景观作为城市开放空间的重要组成部分，对维护人们的身心健康起着重要作用。

4．改善生态环境，维持生物的多样性

城市是人口高密区，它对花卉景观的需求，不仅仅是为了给市民提供游憩空间、休闲场所、美化环境、创造景观等，更重要的是为了改善城市环境、维持生态平衡。从生态学角度看，城市花卉景观是绿地中的重要元素，是以土壤为基质、以植被为主体、以人类干扰为特征，并与微生物和动物群落协同共生的人工生态系统，城市园林绿化中一定量的花卉植物的景观，既能维持和改善城市区域范围内的大气碳循环和氧平衡，又能调节城市的温度、湿度，净化空气、水体和土壤，还能促进城市通风、减少风害、降低噪声等。长廊式、鱼骨式、变形虫式等花卉景观，以较小的面积，起到维持生物的多样性的作用。

总之，城市花卉植物的景观，其效益是综合的、广泛的、长期的、人所共享的且是无可替代的。城市的花卉植物景观是一个绿色的生态系统中重要的一环。随着我国社会发展和人们生活水平的提高，人人养花、爱花，花卉景观也将越来越广泛。花卉景观不但可以美化环境、净化空气，而且可以丰富人们的精神文化生活，促进花卉及相关产业发展，对于提高环境效益、社会效益、经济效益都具有很高的现实意义（图1-33~图1-36）。

图1-33　丰富交往空间，提高人们文化素质

图1-34　提高空气质量，维护人们身体健康

图1-35　改善生态环境，维持生物的多样性

图1-36　美化生活环境，创造休闲娱乐气氛

第一章　花卉景观概述

六 我国花卉景观的发生发展

我国花卉景观的历史大致可分为四个阶段：① 花卉景观形成的时期；② 花卉景观发展时期；③ 花卉景观象征时期；④ 快速拓展时期。

1. 花卉景观形成期

先秦时期，在帝王和达官贵人中花卉的应用已开始，当时是以祭拜神灵为主。例如：殷商时代（公元前1600 —公元前1046年）开始，甲骨文中就有"囿"的记载，也就是在一定的地域范围内，让草木花卉自然滋生繁殖。西周（公元前1046—公元前771年）时，《周礼·天官冢宰》记载："园圃毓草木"；《周礼》记载"囿人，中士四人，下士八人，府二人，胥八人，徒八十人"；典礼中"诸侯执薰，大夫执兰"。可见当时社会达官贵人在其生活中不仅有花卉景观，并在园囿中设有专门人员管理维护花卉景观。春秋（公元前770—公元前476年）时，记载吴王夫差建"梧桐园"和"会景园"，广植花木景观。在太湖之滨，灵岩山离宫为西施修"玩花池"，人工栽植水生荷花景观。战国（公元前475—公元前221年）时，有了物候、生态和大规模种植香料花卉的记载；《礼记·月令》"季秋之月，鞠有黄华"；《诗经·郑风》"隰有荷花"；此外还记载了130多种植物，其中有许多花卉"山有嘉卉""卉木萋萋""杨柳依依""彼泽之陂，有荷与蒲"。屈原在《离骚》《九歌》中以香花、香草、佳木自比，列有秋兰、秋菊、芙蓉、橘树、辛夷等花木。商周时期，《诗经》中的花卉信息，以及《楚辞》"香草美人"的系统话语，反映了我国先民对植物花朵的关注和喜爱，展示了我国花卉景观之观赏源头的绵远与活泼。可见这个时期花卉景观已初步形成，并开始使用。

2. 花卉景观发展期

秦代（公元前221—公元前206年）：阿房宫大种花木，主要有柑、橘、枇杷、黄栌、木兰、厚朴等木本花卉植物，创造了宫苑内人工花卉景观。汉（公元前206—公元220年）：汉武帝重修上林苑，广种奇花异草，群臣献名木、奇树、花草达2000多种，并有暖房栽种热带、亚热带植物。记载的种类也以木本为主，如桂花、龙眼、荔枝、槟榔、梅、桃等不同品种，还有草本菖蒲、山姜，是有史以来最大规模的花卉植物引种驯化试验场。张衡《二京赋》载："嘉木树庭，芳草如积。"可见当时花木之盛。西汉张骞通西域，带回来许多果树花木，促进了植物交流。从西汉起，养花栽树在官僚、富户中盛行，私人园林中大量种植奇花异草。西晋(265—317年)：嵇含的《南方草木状》描述了中国81种南方热带、亚热带植物，如茉莉、睡莲、菖蒲、扶桑、紫荆等的产地、形态、花期等。采用实用分类，把植物分为：草、木、果、竹；分类中还把环境对植物的影响及植物对环境的要求以及花香、色素、滋味等作分类依据，代表了中国古代植物分类的水平。东晋（317—420年）：有了中国第一部园林植物专著，戴凯之的《竹谱》，出现了栽培菊，陶渊明诗云："采菊东篱下，悠然见南山"，他的诗集中还有"九华菊"品种出现。南北朝（420—581年）：佛教兴起，大肆营造寺庙；山水画的出现，促使园林中自然山水园的出现。壁画、书画中有佛前供花的记载。书籍中记载人们用折枝花和栽植花草寄情友人，表达情感。隋（581—618年）：皇家园林中就以观赏花木为主，《大业杂记》记载隋炀帝杨广在今洛阳建西苑，隋炀帝辟地200里（1里约等于现代的500m）为西苑，诏天下进花卉，易州进20箱牡丹；苑内的植物："杨柳修竹四面郁茂，名花美草隐映轩陛"。唐（618—907年）：花卉景观被广泛应用，从宫苑走向私家园林和寺庙园林及公共游览地。花卉景观欣赏成为一大特色，也促进了花卉的栽培和应用。唐代中期民间种植和经营花木者已兴起。王维的《辋川别业》中使用植物造景有"木兰柴"、"柳波"、"竹里馆"等。花卉成为诗歌咏颂的主题，例如王芳庆的《园庭草木疏》、李德裕的《平泉山居草木记》。咏花赋开始出现，如钟会《菊花赋》、汉乐府《江南》中的"江南可采莲"以花卉引发情感，到东晋，产生了陶渊明《桃花源记》这样杰出的作品。隋唐时代，人们主要关注花卉景观的物色美感，欣赏色、香、味、形、姿等客观形象。通过鲜花盛开的华艳来体验生命的活力，感受生活的美好，透过花开花落来感知时序的变迁、岁月的流逝，感慨人生的蹉跎、世事的盛衰。"悲落叶于劲秋，喜柔条于芳春"、"洛阳城中桃李花，飞来飞去落谁家"。从欣赏心理上说，这是一个带有鲜明感性色彩的时代，可称之为"花卉景观观赏时代"。由于当时佛堂供花盛行，罗虬《花九锡》记述了插花的原则和插花艺术的发展。宋代，欧阳修《洛阳牡丹记》、范成大《范村梅谱》、王贵学《兰谱》等，记载了花卉园艺技艺和情趣。周敦颐《爱莲说》说"菊花之隐逸者也；牡丹花之富贵者也；莲花之君子者也"，道出了花卉高尚的情趣。秦汉至盛唐花卉景观得到了辉煌的发展，也可以说是花卉景观发展的兴盛阶段，也是花卉象征时代的开始。

3. 花卉景观象征期

宋（960—1279年）：社会稳定，经济繁荣，大兴造园和栽花之风，花卉景观发展达到高潮。花卉人格化和象征主义广泛流行，名花的社会地位日益高涨，在宋代后期尤为突出。苏东坡《和文与可洋州园池三十首》歌咏了30个景致，其中11处属于花卉景观。宋徽宗时期著名的皇家园林——寿山艮岳中的植物应用有详细的记载，不仅种类繁多，而且应用水平较高。有多种种植方式，如在纯林内种植菊、黄精等药用植物的"药寮"；水体中有蒲、菰、荇、藻、菱、苇、芦、蓼等水生花卉；引种栽培了大量南方植物等。洛阳私家园林最盛，以收集花木为主，尤其是牡丹和芍药等名花。民间也有使用插花的记载。花卉著作繁多，这个时期开始有草本花卉的专著，如王观的《扬州芍药谱》。宋代，是中国花卉画繁荣发展的黄金时代。随着画院的兴隆，加上几位皇帝的支持和倡导，涌现出一大批杰出的花卉画家。北宋的一些文人兴起的以梅、兰、竹、菊四君子为题材的文人画，把中国的花卉画推进到了托物言志阶段，这是中国花卉景观史上的一次飞跃。明（1368—1644年）：国力恢复，造园渐盛，私家园林很多，园林植物常为造景材料，注重植物的季相变化。花卉栽培及选种、育种技术有所发展；花卉种类和品种有显著增加；有大量花卉专著和综合性著作出现。文震亨《长物志》对室内花卉景观装饰布局进行了精辟的论述。中国第一部插花专著——袁宏道的《瓶史》出版。张谦德的《瓶花谱》等，对于插花技艺理论进行了论述。明、清之际，中国花卉画无论在艺术意境抑或表现技巧上都颇具新意。特别是清代的扬州八怪，多半以花卉为题材，不受成法所拘，笔恣墨肆。他们的笔墨技法，对近代中国写意花卉画影响很大。清（1644—1911年）：清代建造的园林数量和规模超过历史任何朝代，园林植物应用种类和方式多样，花卉栽培也繁盛，著作很多。专著有陆廷灿的《艺菊志》、李奎的《菊谱》、赵学敏的《凤仙谱》、杨钟宝的《工瓦荷谱》（第一部荷花专著，记载了32个品种和分类及栽培）；综合著作有陈淏子的《花镜》（记述繁殖法和栽培法，有插花、盆景等内容，是公认的历史专辑中最可贵的花卉书）、徐寿全的《品芳录》和《花佣月令》、百花主人的《花尘》、汪灏的《广群芳谱》（有花卉产地、形状、品种栽培及有关的诗词歌赋等）、吴其濬的《植物名实图考》（中国第一部区域性植物志）。清代后期，中国南方各地花卉生产兴旺。尤其是清末，广东和上海郊区有以种花为生的人和一些私人企业，栽培许多草本花卉，也有一些花店出现。这一时期，在中国花卉资源严重外流的同时，为了满足外国定居者的生活需要，引入了大量草花和国外一些栽培技术、杂交育种、病虫害防治技术等。清朝《扬州画舫录》记录丰富。当时中国画坛上涌现出一大批杰出的花卉画家，最为著名的如齐白石、潘天寿、李苦禅、张大千等创造性地发展了中国传统的花卉画。无数中国画家十分珍视中国花卉画这份遗产，在继承古代花卉画优良传统的基础上，刻意求新，努力创作出更多的具有中国气派和时代气息的花卉画。这一时期的审美、文化意识也进入了一个更高阶段。人们更加关注不同花色品种的个性特征、风格神韵和观赏价值，追求花卉品格神韵与人的精神气质投合契应，并借以陶冶人的性情意趣，寄托人的品德情操。"岁寒三友""四君子"等说法的出现，典型地体现了这一审美趋向和精神追求，标志着中华民族花卉景观的审美观念和文化传统的成熟，因此这个时期花卉景观可升华为象征时代。

4. 花卉景观拓展期

民国（1912—1949年）花卉景观在少数城市有过短期、局部的零星发展。抗日战争胜利后，上海有园艺场进行花卉生产。有一些花卉著作出版，如陈植的《观赏树木学》等。1949年中华人民共和国成立后："绿化祖国"的号召促进了花卉的引种、栽培等，观赏、栽培花卉景观得以恢复。1958年，中央提出实现大地园林化，园林植物特别是花卉景观广泛栽培应用。园林事业受到重视，恢复或成立了更多的园林机构；大专院校建立相关专业；出版专业书籍和期刊；成立各种专业委员会；广泛开展园林植物的种质资源整理和调查、引种和栽培技术。1978年实行改革开放政策以后，花卉景观进入快速拓展时期。中国花卉协会成立，国内开始有花卉博览会、市花展览、专业花展等。1999年世界园艺博览会在我国昆明举办，较大地推动了花卉景观的发展。国务院召开发展"高产、优质、高效"农业经验交流会后，花卉业成为农业产业结构调整的重要措施，同时国内外交流频繁，各项工作全面展开，生产快速发展，产品结构丰富，花卉市场建立，花卉景观相应得到广泛应用。

快速拓展上述花卉景观的发生发展阶段，是一个持续的过程，是形式、内容不断拓展和提高的过程。4个阶段之间不是此起彼伏、此消彼长，而是累积叠加、不断丰富的过程。正是如此悠久持续、世世代代劳动人民的辛勤劳动，才形成了当今我国花卉景观灿烂的时代。

第二章
花卉景观设计基本原理

花卉景观是有生命的景观，它凝聚着大自然的精华，姿态优美，形色各异，用来点缀室内外环境，其效果是其他任何装饰材料所不能替代的。花卉景观设计，必须具备植物的生态性与艺术性两方面的高度统一，既满足植物与环境在生态适应的统一，又要通过艺术构图原理体现出植物个体及群体的形式美，以及人们在欣赏时所产生的意境美。如果所选择的植物不能与种植地点的环境和生态相适应，就不能存活或生长不良，也就不能达到景观的要求；如果所设计的栽培植物的群落结构不符合相应自然植物群落的发展规律，也就难以取得稳定持久的艺术效果。作为花卉景观设计者必须要了解花卉植物特性，熟悉其生态学原理、美学原理、色彩艺术原理、环境艺术构图的原理，以人为本，创造具有和谐美感、持续发展的优秀作品。

花卉景观设计的生态学原理

花卉植物的生态环境包括非生物和生物两种因子。非生物因子有光照、温度、水分、土壤、空气等因子对植物的生长发育产生重要的作用。生物因子有乔木、灌木、草本和藤本植物等相互影响。设计者将这些因子因地制宜地应用在一个群落中，即可形成稳定的生态群落景观。

1. 植物生态的原理

（1）光照对植物景观的影响

植物对光强的要求，通常通过光补偿点和光饱和点来表示。能测试出每种植物的光补偿点，就可以了解其生长发育的需光度，从而预测植物的生长发育状况及观赏效果。根据植物对光强的要求，传统上将植物分成阳性植物、阴性植物和居于这二者之间的中性（耐阴）植物。相应地，在自然界的植物群落组成中，可以看到乔木层、灌木层、地被层。各层植物所处的光照条件都不相同，这是长期适应的结果，从而形成了植物对光的不同生态习性。

①阳性植物　要求较强的光照，不耐荫蔽。一般需光度为全日照70%以上的光强，在自然植物群落中，常为上层乔木。如木棉、木麻黄、椰子、芒果、杨、柳、桦、槐及一二年生植物等。

②阴性植物　在较弱的光照条件下，比在强光下生长良好。一般需光度为全日照的5%～20%，不能忍受过强的光照，尤其是一些树种的幼苗，需在一定的荫蔽条件下才能生长良好。在自然植物群落中常处于中、下层，或生长在潮湿背阴处。在群落结构中常为相对稳定的主体，如红豆杉、肉桂、萝芙木、珠兰、茶花、拎木、紫金牛、中华常春藤、地锦、细辛、宽叶麦

冬及吉祥草等。

③中性植物（耐阴植物）　一般需光度在阳性和阴性植物之间，对光的适应幅度较大，在全日照下生长良好，也能忍受适当的荫蔽。大多数植物属于此类。如罗汉松、竹柏、山楂、栾树、桔梗、白笈、棣棠、珍珠梅、扶桑、香石竹、萱草、雏菊、郁金香、耧斗菜等。

根据经验来判断植物的耐阴性是目前在植物景观设计中的依据，但有时不准确。因为植物的耐阴性是相对的，其喜光程度与纬度、气候、年龄、土壤等条件有密切关系。在低纬度的湿润、温热气候条件下，同一种植物要比在高纬度较冷凉气候条件下耐阴。不同花卉植物还需要不同光照周期，才能正常开花结实。例如在短日照条件下三色堇、瓜叶菊则不开花，或推迟开花；在长日照的条件下，菊花、一品红则不开花，推迟开花。在花卉植物景观创造中，常通过调节光照来控制花期，以满足景观设计需要。通过光照处理，对植物的花期进行调节，使其在节假日开花，用来布置花坛、美化街道以及各种场合景观的需要。如菊花，为短日照植物，在少于12小时日照才能开花，故在自然情况下，9月底孕蕾，10月底开花。如要"十一"开花，就需在8月1日开始每天从下午5时开始遮光，60天左右就可在"十一"开花。目前国内外对菊花切花生产，在温室内通过遮光处理，已达到可以四季供花。

（2）温度对植物景观的影响

温度是植物极重要的生活因子之一。地球表面温度变化很大，在空间上，温度随海拔的升高、纬度（北半球）的北移而降低；随海拔的降低、纬度的南移而升高。在时间上，一年有四季的变化，一天有昼夜的变化。低温会使植物遭受寒害和冻害，高温会影响植物的质量。花卉植物景观依季节不同而异，季节以温度作为划分标准。春季：南北温差大，当北方气温还较低时，南方已春暖花开。夏季：南北温差小；秋季：北方气温先凉。温度会影响花卉植物的生长发育，例如原产寒带、温带的宿根花卉萱草等，为耐寒性花卉；如原产热带、亚热的蝴蝶兰等则为不耐寒花卉；如原产暖温带的半耐阴紫罗兰等花卉植物等，不耐长期严寒，也不耐炎热。不同的花卉植物在不同的生长发育期也要求不同温度。

（3）水分对植物景观的影响

水是植物生存的物质条件，也是影响植物形态结构、生长发育、繁殖及种子传播等重要的生态因子。因此，水可直接影响植物是否能健康生长，也因而形成了多种特殊的植物景观。自然界水的状态有固体状态（雪、霜、霰、雹）、液体状态（雨水、露水）、气体状态（云、雾等）。雨水是主要来源，因此年降雨量、降雨的次数、强度及其分配情况均直接影响植物的生长与景观。空气湿度对植物生长起很大作用。在云雾缭绕、高海拔的山上，有着千姿百态、万紫千红的观赏植物，它们长在岩壁上、石缝中、瘠薄的土壤母质上，或附生于其他植物上。这类植物没有坚实的土壤基础，它们的生长与较高的空气湿度密切相关。不同的植物种类，由于长期生活在不同水分条件的环境中，形成了对水分需求关系上不同的生态习性和适应性。根据植物对水分的关系，可把植物分为水生、湿生（沼生）、中生、旱生等生态类型，它们在外部形态、内部组织结构、抗旱、抗涝能力以及植物景观上都是不同的。园林中有不同类型的水面：河、湖、池塘、溪、潭、池等，不同水面的水深及面积、形状不一，必须选择相应的花卉植物来美化环境。

①水生植物景观　生活在水中的水生植物，有的沉水，有的浮水，有的部分器官挺出水面，因此在水面上景观也不同。由于植物体所有水下部分都能吸收养料，根就往往退化了。例如槐叶萍属，是完全没有根的；满江红属、浮萍属、雨久花属和大漂属等植物的根，形成后不久便停止

生长，不分枝，并脱去根毛；浮萍、杉叶藻、白睡莲都没有根毛。水生植物枝叶形状也多种多样，如金鱼藻属植物沉水的叶常为丝状、线状，杏菜、萍蓬等浮水的叶常很宽，呈盾状口形或卵圆状心形。

②湿生植物景观　在自然界中，这类植物的根，常淹没于浅水中或湿透了的土壤中，常见于水体的港湾或热带潮湿、荫蔽的森林里。这是一类抗旱能力最小的陆生植物，不适应空气湿度有很大的变动。这类植物绝大多数也是草本植物，木本的很少。在植物景观中可用的有落羽松、池杉、墨西哥落羽松、水松、水椰、白柳、垂柳、旱柳、黑杨、枫杨、箬棕、沼生海枣、乌桕、白蜡、山里红、赤杨、梨、楝、三角枫、丝棉木、棱柳、夹竹桃、榕属、水翁、千屈菜、黄花鸢尾、驴蹄草、蕨类、凤梨科、天南星科植物等。

③旱生植物景观　在黄土高原、沙漠等干旱的热带生长着很多抗旱植物。如海南岛荒漠及沙滩上的光棍树、木麻黄的叶都退化成很小的鳞片，伴随着龙血树、仙人掌等植物生长。一些多浆的肉质植物，在叶和茎中储存大量水分。还有侧柏、夹竹桃、景天科植物等也为旱生植物。

（4）空气对植物景观的影响

植物生存的生态因子和物质基础就是空气中的氧气和二氧化碳，缺一不可。空气中台风、焚风、海潮风、冬春的旱风、高山强劲的大风等对植物的景观效果有较大影响。沿海城市树木常受台风危害，如厦门台风过后，冠大荫浓的榕树可被连根拔起，大叶桉主干折断，凤凰木小枝纷纷吹断。金沙江的深谷和云南河口等地，有极其干热的焚风，焚风一过植物纷纷落叶，有的甚至死亡，与黄沙或红土形成干热河谷景观。海潮风常把海中的盐分带到植物体上，如抗不住高浓度的盐分，就要死亡。青岛海边红楠、山茶、黑松、大叶黄杨、大叶胡颓子、柽柳的抗性就很强，因此它们也就构成了青岛沿海岸的重要植物景观。由于大风经常性地吹袭，使直立乔木的迎风面树冠的枝条干枯、侵蚀、折断，只保留背风面的树冠，有些吹不死的迎风面枝条，常被吹得弯曲，朝向背风面生长，形成扁冠。为了适应多风、大风的高山生态环境，很多植物生长低矮、贴地，株形变成与风摩擦力最小的流线形，成为垫状植物。另外，空气中的污染物二氧化硫、硫化氢、氟化氢、二氧化氮粉尘等对植物的影响都很大。所以花卉植物应用时，应选择抗性强的种类。

（5）土壤对植物景观的影响

植物生长离不开土壤，土壤是植物生长的基质。土壤对植物最明显的作用之一就是提供植物根系生长的场所。根系在土壤中生长，土壤提供植物需要的水分、养分，从而形成各种不同的景观。

不同的岩石风化后形成不同性质的土壤，不同性质的土壤上有不同的植被，具有不同的植物景观。如石灰岩主要由碳酸钙组成，不宜针叶树生长，宜喜钙、耐旱植物生长，上层乔木则以落叶树占优势。如杭州龙井寺附近及烟霞洞多属石灰岩，乔木树种有珊瑚朴、大叶榉、榔榆、杭州榆、黄连木，灌木中有石灰岩指示植物南天竺和白瑞香。植物景观常以秋景为佳，秋季叶色绚丽夺目。砂岩属硅质岩类风化物，其组成中含大量石英，坚硬，难风化，多构成陡峭的山脊、山坡。在湿润条件下，形成酸性土。较适宜形成一年四季常青的竹林景观。流纹岩也难风化，在干旱条件下多石砾或砂砾质，在温暖湿润条件下呈酸性或强酸性，形成红色黏土或砂质黏土。如杭州黄龙洞为流纹岩，植被组成中以常绿树种较多，如青冈栎、米槠、苦槠、浙江楠、紫楠、绵槠、香樟等，也适合马尾松、毛竹生长。耐干旱瘠薄土壤植物有侧柏、马尾松、金盏菊、花菱草、波斯菊、半枝莲等。

据我国土壤酸碱性情况，可把土壤碱度分成五级：pH＜5为强酸性；pH5～6.5为酸性；pH 6.5～7.5为中性；pH 7.5～8.5为碱性；pH＞8.5为强碱性。

酸性土：植物在碱性土或钙质土上不能生长或生长不良。它们分布在高温多雨地区，土壤中盐质如钾、钠、钙、镁被淋溶，而铝的浓度增加，土壤呈酸性。另外，在高海拔地区，由于气候冷凉、潮湿，在针叶树为主的森林区，土壤中含灰分较少，也呈酸性。这类植物如柑橘类、茶、山茶、白兰、含笑、珠兰、芙莉、继木、构骨、八仙花、肉桂、高山杜鹃等。

碱性土：土壤中含有碳酸钠、碳酸氢钠时，则pH可达8.5以上，称为碱性土。能在盐碱土上生长的植物叫耐盐碱土植物，如新疆杨、合欢、文冠果、黄栌、木槿、柽柳、油橄榄、木麻黄等，形成特定地点的特色景观。另外钙质土上常生长的植物有南天竺、柏木、青檀等植物（图2-1~图2-12）。

图2-1　秋季三角枫的叶色变化

图2-2　红瑞木冬季茎枝的色彩变化

图2-3　荷花、王莲水生浮叶植物景观

图2-4 挺水植物景观

图2-5 干旱地区的植物景观

图2-6 阳性植物——金盏菊

图2-7 阴性植物——茶花

图2-8 耐阴植物——虎刺

图2-9 海边抗风很强的柽柳、丝兰

图2-10　喜酸性土的
茶花

图2-11　喜碱性土的南
天竺

图2-12 耐光照少的嫩叶红枫

2．植物群落的原理

在自然界，任何植物种都不是单独地生活，它们跟其他植物共同生活在一起。这些生长在一起的植物，占据了一定的空间和面积，按照自己的规律生长发育、演变更新，并同环境发生相互作用，称为植物群落。植物群落作为一个由多种有机体构成的生命系统，既有季相变化，又有群落的演替和演化等，从而形成了丰富多样的植物群落景观。植物在不同季节通过发芽、展叶、开花、结果和休眠等不同的物候阶段，使整个群落在各季表现出不同的景观风貌，称为植物群落的季相景观。不同气候带群落季相表现很不一致，在终年炎热多雨的热带雨林变化很不明显；温带地区四季分明，变化最为突出，因而形成了植物群落景观的地带性和地域性。群落中植物之间的相互关系，也就是植物群落中乔木、灌木、藤本及草本植物等有机结合的关系。例如自然界植物群落的发展规律、组成成分、风貌季相的结构，群落中各植物种间的关系等，都是设计的科学依据。

（1）植物群落组成

许多种植物生活在一起，占据一定的空间和面积，按照各自的规律生长发育、演变更新，并同环境发生相互作用，形成较为稳定的植物群落景观。按其形成可分自然的植物群落景观和人工的植物群落景观。

自然界的植物群落景观是在长期的历史发育过程中，在不同的气候条件下及生境条件下自然形成的群落。各自然群落都有自己独特的种类、外貌、层次、结构。如西双版纳热带雨林群落，在其最小面积中往往有数百种植物，群落结构复杂，常有6～7个层次，林内大、小藤本植物及附生植物丰富；而东北红松林群落的最小面积中仅有40种左右植物，群落结构简单，常具2～3个层次。总之，环境越优越群落中植物种类就越多，群落结构也越复杂，景观越丰富。自然界植物群落是由不同植物种类组成，它决定群落外貌及结构的基础条件，各个种在数量上是不等同的，数量最多，占据群落面积最大的植物种，叫"优势种"。"优势种"最能影响群落的发育和外貌特点。如云杉、冷杉或水杉群落的外轮廓线条，是尖峭塔立群落景观；高山的堰柏群落则成一片贴伏地面、宛若波涛起伏的群落外貌。

人工的植物群落景观是按人类需要，把同种或不同种的植物配植在一起形成的，是人们根据生产、观赏、改善环境条件等需要而组成的。如果园、苗圃、行道树、林荫道、林带、树丛，树群等。其结构往往较为简单而固定，其设计必须遵循自然群落的发展规律，借鉴丰富多彩的自然界植物群落组成结构，才能在科学性、艺术性上获得成功。

（2）植物群落景观

自然界中植物群落的景观风貌除了优势种外，还决定于植物生活环境适应型、植物生长的高度观、植物表现的季相观。

①植物生活环境适应型　植物生活环境适应型是长期适应生活环境而形成独特的外部形态、内部结构和生态习性。因此，生活型也可认为是植物对环境的适应型。同一科的植物可以有不同的生活型。如蔷薇科的枇杷、樱桃、杏呈乔木状；毛樱桃、榆叶梅、绣线菊呈灌木状；木香、花腹藤、太平莓呈藤本状。反之，亲缘关系很远，不同科的植物可以表现为相同的生活型。如旱生环境下形成的多浆植物，除主要为仙人掌科植物外，还有大戟科的霸王鞭，菊科的仙人笔，番杏科的松叶菊，萝摩科的犀角，葡萄科的青紫葛，百合科的芦荟、沙鱼掌、十二卷以及景天科、龙舌兰科、马齿苋科等植物种类。只有极少数的科，如睡莲科，其不同的种具有大致相同的生活型。如莼菜、芡实、莲、睡莲及萍蓬草等。

②植物群落的高度观　群落的高度也直接影响外貌。群落中最高一群植物的高度，也就是群落的高度。群落的高度首先与自然环境中海拔高度、温度及湿度有关。一般说来，在植物生长季节中温暖多湿的地区，群落的高度就大；在植物生长季节中气候寒冷或干燥的地区，群落的高度就小。如热带雨林的高度多在25～35m，最高可达45m；亚热带常绿阔叶林高度在15～25m，最高可达30m。山顶矮林的一般高度在5～10m，甚至只有2～3m。

③植物群落的季相观　植物群落的季相观，在色彩上最能影响外貌，而优势种的物候变化又最能影响群落的季相变化。例如黄山的植物群落的季相观：

春季：在各不同的群落中可常见花团锦簇，粉红色黄山杜鹃、黄山蔷薇；枝头挂满水红色下垂似灯笼的吊钟花；岩壁上成片鲜红的独蒜兰，以及万绿丛中一片片白色的四照花，绚丽的色彩更增添了黄山春季的明媚。

夏季：由于树种不同，叶片的绿色度是不同的，有嫩绿、浅绿、深绿、墨绿等。

秋季：红色调的秋叶有枫香、垂丝卫矛、爬山虎、樱、野漆、野葡萄、青柞槭、荚迷等；紫红色调的有白乳木、五裂槭、四照花、络石、天目琼花、水马桑等；黄色调的有棣棠、蜡瓣花、秦氏莓等。群落中红果累累更增添了秋色的魅力，如尾尖冬青、黄山花揪、中华石楠、野鸦椿、垂丝卫矛、安徽小檗、四照花、红豆杉、黄山蔷薇、天南星。群落中色彩鲜艳的开花地被植物同样装点着迷人的秋景。如蓝色的黄山乌头、杏叶桔梗、野韭菜；黄色的小连翘、月见草、野黄菊、蒲儿根、桃叶菊、苦卖；粉红色的秋牡丹、瞿麦、马先蒿；紫色的紫香云；白色的山白菊、鼠曲草等。

（3）植物群落结构

①多度与密度　多度是指每个种在群落中出现的个体数目。多度最大的植物种就是群落的优势种；密度是指群落内植物个体的疏密度。密度直接影响群落内的光照强度，这对该群落的植物种类组成及相对稳定有极大的关系。总的来说，环境条件优越的热带多雨地区，群落结构复杂、密度大。反之则简单和密度小。

②垂直结构与分层现象　各地区各种不同的植物群落常有不同的垂直结构层次，这种层次的形成是依植物种的高矮及不同的生态要求形成的。除了地上部的分层现象外，在地下部各种植物的根系分布深度也是有着分层现象的。通常群落的多层结构可分三个基本层：乔木层、灌木层、草本及地被层。荒漠地区的植物常只有一层；热带雨林的层次可达6～7层及以上。在乔木层中常可分为2～3个亚层，枝桠上常有附生植物，树冠上常攀援着木质藤本，在下层乔木上常见耐阴的附生植物和藤本；灌木层一般由灌木、藤灌、藤本及乔木的幼树组成，有时有成片占优势的竹类；草本及地被层有草本植物，巨叶型草本植物、蕨类以及一些乔木、灌木、藤本的幼苗。此外还有一些寄生植物、腐生植物在群落中没有固定的层次位置，不构成单独的层次，所以称之为层外植物。

（4）种间相互影响

自然群落内各种植物之间的关系是极其复杂和矛盾的，其中有竞争，也有互助。由于不同植物生态位的竞争，不同植物之间产生了生态位挤压，因此也形成了各种不同的群落景观。

①寄生关系　例如菟丝子属是依赖性最强的寄生植物，常寄生在豆科、唇形科，甚至单子叶植物上。我们常可以在绿篱、绿墙、农作物、孤立树上见到它，它们的叶已退化，不能制造养料，是靠消耗寄主体内的组织而生长的。还有一些半寄生植物，它们用构造特殊的根伸入寄主体内吸取养料，另一方面又有绿色器官，可以自己制造养料。如玄参科的地脚金、樟科的无根藤等，因此在一株树体上可形成不同的枝叶、不同的色彩等景观。

②附生关系　常以他种植物为栖息地，但并不吸取其组织部分为食料，最多从它们死亡部分上取得养分而已。在寒冷的温带植物群落中，苔藓、地衣常附生在树干、枝桠上；在亚热带，尤其是热带雨林的植物群落中，附生植物有很多种类。蕨类植物中常见的有肾蕨、宕姜蕨、鸟巢蕨、星蕨、抱石莲、石韦等，天南星科的龟背竹、麒麟尾，芸香科的蜈蚣藤等，还有诸多的如兰科、萝摩科等植物。这些附生植物往往有特殊的根皮组织，便于吸水的气根，或在叶片及枝干上有储水组织，或叶簇集成鸟巢状借以收集水分、腐叶土和有机质，这种附生景观如加以模拟应用在植物景观中，不但增加了单位面积中绿叶的数量，增大了改善环境的生态效益，还能配植出多种多样美丽的植物景观，既适合热带和亚热带南部、中部地区室外植物景观，也可应用于寒冷地区温室内的植物景观展示。

③共生关系　蜜环菌常作为天麻营养物质的来源而共生，地衣就是真菌从藻类身上获得养料的共生体。松、榛子等均有外生菌根，兰科植物、杜鹃、李等均有内生菌根。这些菌根可固氮，为植物吸收和传递营养物质，有的能使树木适应贫瘠不良的土壤条件。大部分菌根有酸溶、酶解能力，依靠它们增大吸收表面，可以从沼泽、泥炭、粗腐殖质、木素蛋白质以及长石类、磷灰石或石灰岩中为树木提供氮、磷、钾、钙等营养。

④连生关系　群落中同种或不同种的根系常有连生现象。砍伐后的活树桩就是例证。这些活树桩通过连生的根从相邻的树木取得有机物质。连生的根系不但能增强树木的抗风性，还能发挥根系庞大的吸收作用。园林中也不乏模拟树木地上部分合生在一起的偶然现象或借此现象巧立名

目来创作景观。

⑤化学抑制关系 黑胡桃地下不生长草本植物，是因为其根系分泌胡桃酮，使草本植物严重中毒；赤松林下的桔梗、苍术、菰、结缕草生长良好，而牛膝、东风菜、灰藜、苋菜生长不好。可见在花卉植物景观设计时也必须考虑到这方面的因素。树木有机体主要成分中的碳、氧都来自二氧化碳，空气中二氧化碳和氧的浓度直接影响植物的健康生长与开花状况。而空气中二氧化碳和氧的浓度直接受到风速与风向的影响。空气中还常含有植物分泌的挥发性物质，其中有些能影响其他植物的生长，从而影响到植物的林相景观。如铃兰花朵的芳香能使丁香萎蔫，洋艾分泌物能抑制圆叶当归、石竹、大丽菊、亚麻等生长。

⑥空间竞争关系 自然植物群落内植物种类多，一些对环境因子要求相同的植物种类，就表现出相互剧烈的竞争；一些对环境因子要求不同的植物种类，不但竞争少，有时还呈现互惠，例如松林下的苔藓层保护土壤，有利于松树生长，反过来松树的树荫也有利于苔藓的生长。而机械关系主要是植物相互间剧烈竞争的关系，尤其以热带雨林中缠绕藤本与绞杀植物与乔木间的关系最为突出。

一般来说，景观异质化程度越高，越有利于保持景观中的生物多样性，有利于景观的持续发展。反过来讲，景观多样性的保护也有利于景观异质性的维护。城市景观是一个高度人工化的景观，建筑物斑块及走廊占优势，绿地斑块及走廊少，产生了严重失衡的现象。因此在城市景观结构中应增加绿地走廊及绿地斑块，而花卉景观便是重要成员，由它们形成稳定协调的城市绿地生态系统，以利于抵抗不良因素的干扰，从而体现城市中景观中人与动物、植物的互相抑制、共生（图2-13~图2-23）。

图2-13 新疆某地区自然的植物群落景观

图2-14 人工的植物群落景观

图2-15　植物群落结构景观

图2-16　人工植物群落垂直结构与分层现象

图2-17　秋季地锦群落的季相观

图2-18 梅花和茶植物群落的春季景观

图2-19 樱花和常绿树的群落景观

图2-20 秋季人工常春藤植物群落景观

图 2-21 春季诸葛菜群落景观

图 2-22 菟丝子寄生在豆科、唇形科植物上。它们的叶已退化，不能制造养料，是靠消耗寄主体内的组织而生活的。在一株树体上形成不同的枝叶、不同的色彩等景观

图 2-23 蕨类植物附生在其他树木上的群落景观

二　花卉景观设计的美学原理

花卉景观设计源于自然，又高于自然，是大自然造化的典型概括，是自然美的再现，是自然景观和人文景观的高度统一。花卉景观应是自然美、意境美、社会美的形态整体，是各种素材类型之美的相互融合，从而构成完整的花卉景观的综合体。

1. 变化与统一

也称多样与统一，花卉景观设计时，树形、色彩、线条、质地及比例都要有一定的差异和变化，显示多样性，但又要使它们之间保持一定相似性，引起统一感，这样既生动活泼，又和谐统一。变化太多，整体就会显得杂乱无章，甚至一些局部感到支离破碎，失去美感。过于繁杂的色彩会使人心烦意乱、无所适从，但平铺直叙、没有变化，又会使人感到单调呆板。因此应在统一中求变化，在变化中求统一。

2. 均衡与稳定

将体量、质地各异的花卉植物种类按均衡的原则配植，景观就显得稳定、调和。如色彩浓重、体量庞大、数量繁多、质地粗厚、枝叶茂密的植物种类，给人以重的感觉；相反，色彩素淡、体量小巧、数量简少、质地细柔、枝叶疏朗的植物种类，则给人以轻盈的感觉；根据周围环境，在配植时有规则式均衡（对称式）和自然式均衡（不对称式）。规则式均衡常用于规则式建筑及庄严的陵园或雄伟的皇家园林等较严肃的场合。景物的质量、体量不同时：在群体景物中，有意识地强调一个视线构图中心，而使其他部分均为对应关系，从而在总体上取得均衡感。根据杠杆力矩原理，使不同体量或重量感的景物置于相对应的位置而取得平衡感。如一般认为右为主（重）、左为辅（轻），故鲜花戴在左胸较为均衡等。

3. 对比与和谐

对比是比较心理学的产物。花卉景观设计时要注意相互联系与配合，体现调和的原则，使人具有柔和、平静、舒适和愉悦的美感。找出近似性和一致性，配植在一起才能产生协调感。相反地，用差异和变化可产生对比的效果，具有强烈的刺激感，给人以兴奋、热烈和奔放的感受。因此，在花卉景观设计中常运用对比的手法来突出主题或引人注目。花卉景观之间存在的差异和矛盾加以组合利用，取得相互比较、相辅相成的呼应关系。和谐是指各物体之间形成的矛盾统一体，可以广泛利用植物可变的体形、线条、色彩等，在景观的差异中强调统一。

4. 比例与尺度

比例出自数学，表示数量不同而比值相等的关系。比例一般只反映景物及各组成部分之间的相对数比关系，不涉及具体的尺寸，在人类的审美活动中，客观景象和人的心理经验形成合适的比例关系，使人得到美感，这就是合乎比例了。

世界公认的最佳数比关系是由古希腊毕达格拉斯学派创立的"黄金分割"理论，即无论从数字、线段或面积上相互比较的两个因素，其比值近似1∶0.618，这是人类长期社会实践的产物。17世纪法国建筑师布龙台认为：某个建筑体（或景物）只要其自身的各部分之间有相互关联的同一比例关系时，好的比例就产生了，这个实体就是完美的。以上理论确定了圆形、正方形、正三角形、正方形内接三角形等，可以作为好的比例单位衡量标准。习惯与功能常常是决定物体比例尺度的决定原因。

尺度则是指各景物要素给人感觉上的大小与真实大小之间的关系。因此，尺度是景物和人之间发生关系的产物，凡是与人有关的物品或环境空间都有尺度问题。总之，尺度既可以调节景物的相互关系，又可以造成人的错觉，从而产生特殊的艺术效果。

5. 节奏与韵律

节奏是音乐或诗词的词语，节奏有规律地重复出现时给人以愉悦的韵律感。花坛形状的变化、花坛内植物的变化、图案的连续变化韵律，花境内植物花期的时序变化、花色的块状交替变化、边缘曲折变化韵律，喷泉弧线的变化，加上声、光配合，产生了强烈的韵律感（图 2-24~图 2-28）。

图 2-24 为立体造型和平面花坛形式统一体，各个小花坛的形式是统一的，而整体的形式有立体和平面，花坛又是变化的

图 2-25 通过白色雕塑和鲜花绿树的对比，突出了主体，表现雕塑的形体美，在心理上表现了均衡稳定感

图2-26 该大尺度的立体造型花坛设在大草坪、广场的开放空间，显得比例尺度适当，如果放到小庭园里则感到尺度过大，拥挤不堪

图2-27 立体模纹花坛景观，花色如锦的拱门景观有规律地出现，展示了无声的音乐

图2-28 花带景观的各种色带类似云彩或溪水流动一般，自然流畅，有规律地婉转流动、反复延续，展现自然柔美的韵律感

三 花卉景观色彩艺术原理

花卉的种类丰富，色彩更加多样。作为花卉景观设计者更应该熟悉花卉景观色彩艺术原理，掌握如下色彩的性质，应用到花卉景观的设计中。

1.三原色

在美术上，把颜料红、黄、蓝定义为三原色。

品红加适量黄，可以调出大红，而大红却无法调出品红；青加适量品红，可以得到蓝，而蓝加绿，得到的却是不鲜艳的青；用黄、品红、青三色能调配出更多的颜色，而且纯正并鲜艳。用青加黄调出的绿，比蓝加黄调出的绿更加纯正与鲜艳，而后者调出的却较为灰暗；品红加青调出的紫是很纯正的，而大红加蓝，只能得到灰紫等。所以将黄、品红、青色称为三原色。它们相互配合可以得到丰富色彩，而色光更为纯正鲜艳（图2-29、图2-30）。

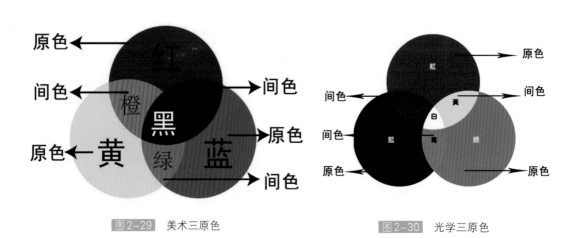

图2-29　美术三原色　　　　　　　　　　图2-30　光学三原色

2.对比色

对比色也称互补色（图2-31），在色相环中每一个颜色对面(180度对角)的颜色，称为对比色。如红色与绿色为互补色，黄色与紫色为互补色，蓝色和橙色为互补色。把它们并列时，从而产生一明一暗、一冷一热的感觉，相互排斥，对比强烈，呈现跳跃、新鲜的效果；若混合在一起，会调出浑浊的颜色，有对比色的弱化效果。根据色彩学原理，恰到好处地运用色彩的感染作用，可使景色为之增色不少，可以突出主题，烘托气氛。

3.调和色

在环形光谱的12种色相中，每种色相

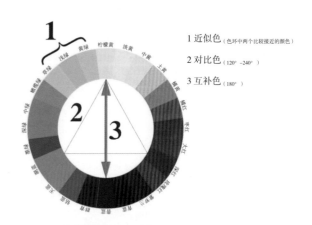

1 近似色（色环中两个比较接近的颜色）

2 对比色（120°～240°）

3 互补色（180°）

图2-31　近似色、对比色、互补色

与它相邻的色相配合，即可构成调和色，或近似色。例如红与橙红、红与紫红、黄与黄绿、黄与橙黄等两种相配，即构成邻近色；例如红、橙红与紫红，黄、黄绿与橙黄等三种色相的深浅度变化组合在一起，会产生近似的谐调之美。

4. 冷暖色

在色调区有冷、暖两大类。在光谱中，近于红端区的颜色为暖色，如红、橙等；在光谱中近于绿端区的颜色是冷色，在暖色与冷色之间，温度感适中。由于人们长期的生活实践、接触和认识，对于色彩产生了一定的联想，如见到红色会联想到炎热，或者感到如寒冬的太阳温暖；见到蓝色就会联想到水与炎夏的树荫、寂静的夜空与冰雪的阴影，产生了寒冷感等。因此对于色彩就有冷色和暖色的感觉。

5. 远近色

由于空气透视的关系，暖色系的色相在色彩距离上，有向前及接近的感觉；冷色系的色相，有后退及远离的感觉；大体上光度较高、纯度较高、色性较暖的色，具有近距离感，反之，则具有远距离感。六种标准色的距离感按由近而远的顺序排列是：黄、橙、红、绿、青、紫。在花卉景观中，如果实际的花卉空间深度感染力不足，为了加强深远的效果，作为背景的树木宜选用灰绿色或灰蓝色树种，如桂香柳、雪松等。

节日的红、橙、黄色的花卉花丛不仅使人们感到特别明亮而清晰，也似乎格外膨大，靠人们很近。而绿、紫、蓝色的花卉，则感到比较幽暗、模糊，似乎收缩了，离人们较远。

6. 重量色

亮度强的色相重量感小，亮度弱的色相重量感大。例如，红色、青色较黄色、橙色为厚重；白色的重量感较灰色轻，灰色又较黑色轻。同一色相中，明色调重量感轻，暗色调重量感最重。花卉景观的基础部分宜用暗色调，显得稳重。不同色相的重量感，亮度强的色相重量感小，亮度弱的色相重量感大。

7. 面积色

橙色系的色相，主观感觉上面积较大，青色系的色相主观感觉上面积较小；白色及色相的明色调主观感觉面积较大；黑色及色相暗的色调，感觉上面积较小；亮度强的色相，面积感觉较大，亮度弱的色相，面积感觉小；互为补色的两个饱和色相配在一起，双方的面积感相差更大。花卉景观的色彩构图，白色和色相的明色调成分多，也较容易产生扩大面积的错觉。

8. 胀缩色

色彩的冷暖与胀缩感也有一定的关系数。冷色花卉景观具有收缩感；暖色花卉景观具有膨胀感。节日夜晚观看红、橙、黄色的焰火，不仅使人们感到特别明亮而清晰，也似乎格外膨大，靠人们很近。而绿、紫、蓝色的焰火，则感到比较幽暗、模糊，似乎被收缩了，离人们较远。色彩的冷暖，与胀缩感也有一定的关系。冷色背景前的物体显得较大，暖色背景前的物体则显得较小，例如雕像等常以青绿、树群与蓝色天空为背景，以突出其形象。

9. 兴奋色

光度最高的白色，兴奋感最强，光度较高的黄、橙、红各色，均为兴奋色；光度最低的黑色，感觉最沉静；光度较低的青、紫各色，都是沉静色；黑色当量的灰以及绿、紫色，光度适中，兴奋与沉静的感觉亦适中，在这个意义上，灰色与绿紫色是中性的。

10. 感情色

色彩构图与人们的感觉和感情有着密切的关系，要领会色彩的美，主要要领会一种色彩表现的感情。不过，色彩的感情是一个复杂而又微妙的问题，它不具有绝对的固定不易的因素，因人、因地及情绪条件等的不同而有差异，同一色彩可以引起这样的感情，也可引起那样的感情。

蓝色：秀丽、清新、宁静、深远及悲伤、压抑之感；是天空和海洋的颜色，有深远、清凉、宁静的感觉。很多高山野生花卉呈蓝色，有很高的景观价值。如乌头、高山紫苑、搂斗菜、水苦荬、大瓣铁线莲、大叶铁线莲、牛舌草、勿忘我、蓝靛果忍冬、野葡萄、白檀等。

白色：悠闲淡雅，为纯洁的象征，有柔和感，能使鲜艳的色彩柔和。如以白墙为纸，墙前配植姿色俱佳的植物为画，效果奇佳。最受中老年人及性格内向的年轻人欢迎。

红色：兴奋、欢乐、热情、活力及危险、恐怖之感；是火和血的颜色，刺激性强，为好动的年轻人所偏爱。如火红的花丛，就会呈现一片热烈、喜庆、奔放的景象。

橙色：明亮、华丽、高贵、庄严及焦躁、卑俗之感。

黄色：温和、光明、快活、华贵、纯净及颓废、病态之感，黄色最为明亮，象征太阳的光源。如配植一丛黄色的花坛，可使环境空间顿时明亮起来，而且在空间感中能起到小中见大的作用。

青色：希望、坚强、庄重及低贱之感。

紫色：华贵、典雅、娇艳、幽雅及忧郁、恐惑之感。紫色具有庄严和高贵的感受，植物景观中常用紫藤、紫丁香、蓝紫丁香、紫花泡侗、阴绣球等。

褐色：严肃、浑厚、温暖及消沉之感。

灰色：平静、稳重、朴素及消极、憔悴之感。

黑色：肃穆、安静、坚实、神秘及恐怖、忧伤之感。

第三章

花坛
景观设计

花坛景观是按照一定的设计意图，在具有一定几何形轮廓的种植床内，以花卉植物为主要材料栽植而创造的景观。它具有花卉同期开放、色彩鲜艳、纹样华丽、表现花卉植物群体美的特点，常用于规则式园林环境中，它具有占地面积少、活跃气氛和美化环境、突出表达的作用。花坛景观是一种古老的花卉应用形式，早在16世纪的意大利园林中就有应用，到17世纪时在法国已经达到了高潮，例如凡尔赛宫的花坛景观就是典型的代表。中国近代沿海城市受西方文化的影响，已有各种花坛景观出现，例如上海复兴公园的规则式花坛等。新中国成立后，各种花坛景观得到了前所未有的创新和发展。本章在了解花坛类型和一般应用的基础上，重点阐述花坛景观的设计和花坛景观施工与养护管理的方法。

一 花坛景观的类型

花坛景观由于表现的主题、内容、特性、空间、环境等不同可分为：独立花坛（盛花花坛、模纹花坛、混合花坛）、带状花坛、花坛群、立体造型花坛、沉床花坛、水上花坛、移动花坛等。根据形状特色的不同也可以分为：圆形花坛、带状花坛、平面花坛、立体花坛等；根据观赏季节及花卉植物选用的不同可以分为：花灌木花坛景观、草本花卉景观、专类花坛景观、一二年生草本花卉景观、多年生球根花卉景观等；根据布置方式的不同可分为：花丛花坛、模样花坛、毛毡花等。

1. 独立花坛景观

在各种环境空间之中，作为局部空间的主景而独立设置的花卉景观称为独立花坛。根据花卉景观内容不同，独立花坛又分为盛花花坛、模纹花坛、组合花坛等形式。

盛花花坛景观，又称花丛花坛或集栽花坛，它是用花期一致、花朵盛开、不同种类的草本花卉为群体，表现色彩美的花坛景观。

模纹花坛景观，它是采用不同色彩的观叶或花与叶兼美的草本花卉，以及常绿小灌木组成的花卉景观。有毛毡模纹花坛、镶嵌模纹花坛、标题模纹花坛、图案模纹花坛、彩结模纹花坛、浮雕模纹花坛等。它是以精美图案纹样为表现主题的花坛景观。

组合模纹花坛景观，它是采用不同色彩的观叶或花与叶兼美的草本花卉，以及常绿小灌木组成的立体造型花坛或盛花花坛相组合、平面花坛与立体花坛相组合的花卉景观。它具有以上花坛的综合特点，它是以精美图案纹样和立体造型为表现主题的花坛景观。

2．带状花坛景观

长条状花坛称为带状花坛，种植床高出地面，边缘配有一定的装饰物，沿着道路或建筑广场或草坪的外缘分布的花卉景观称为带状花坛，也称花缘花坛，非常适宜动态观赏。

3．花坛群景观

花坛群景观，是由多个小型花坛按照一定的对称关系，近距离组合而成的，其中各个小型花坛呈轴侧对称或中心对称的方式布置，因此各个小型花坛对于整体来说都是不可分割的，这种组合花坛称为花坛群景观。它具有形态多变、色彩丰富、景观喜人的观赏效果。有单面对称花坛群和多面对称花坛群之分。

4．立体造型花坛景观

立体造型花坛或立体造景花坛景观，也可称混合花坛景观，是盛花花坛和模纹花坛相结合的景观，它兼有盛花花坛的华丽色彩和模纹花坛的精美图案纹样或风景造景，它可在花坛中央使用观叶或观花植物形成各种立体造型或造景，也可在其中央设置雕塑或喷泉等创建综合性的立体造型景观，具有很好的观赏效果。

5．沉床花坛景观

沉床花坛又称下沉式花坛。花坛设置在园林环境的中部低凹处，也就是花坛种植床低于周围地面的花坛景观。欣赏者可以自然俯视花坛的全部景观，从而取得较好的观赏效果。

6．水上花坛景观

水上花坛又称浮水花坛景观，它是采用水生花卉或可进行水培的宿根花卉布置于水面之上的花坛景观。整个花坛可通过水下立桩或绳索固定于水体某处，也可在水面上自由漂浮，别具一番情趣。

7．移动花坛景观

移动花坛景观是在某些铺装广场和（或）室内，由许多盆花组成的花坛景观。它可以机动灵活地摆放，创造各种花卉景观（图3-1~图3-7）。

图 3-1　以一串红花卉为主的独立花坛景观，布置在公园入口处，创造了热烈迎宾的气氛

图3-2 布置在道路旁的带状花坛，红、白相间的花卉色彩，具有较好的环境装饰效果和视觉导向的作用

图3-3 以水景为中心，由多个小型花坛按照一定的对称关系，组合而成的花坛群景观

图3-4 广场上立体造型花坛，上为粉红色，下为深绿色，形成自然过渡，创建了综合性的立体造型景观，具有很好的观赏效果

图3-5 由模纹花坛、喷泉和雕塑组合的大型沉床花坛，欣赏者可以自然俯视花坛的全景，从而达到心旷神怡的观赏效果

图3-6 采用海豚造型的模纹花坛及黄色的花卉衬托的水上花坛景观，在水面上自由漂浮，别具一番情趣

图3-7 由许多红色盆花组成的移动花坛景观，机动灵活地摆放在广场上，配合节日活动，创造了热烈的气氛

二 花坛景观的应用

在不同的地点和空间场地，选择设置的花坛外形也应有所不同，要保证花坛的外形与四周环境协调一致。如在形状为长方形的广场上设置花坛时，应选择长方形为佳；根据一年四季的不同，选择不同的花卉植物分别布置：春季花坛景观、夏季花坛景观、秋季花坛景观、冬季花坛景观。

1. 作为主景使用

花坛景观的类型很多，鲜艳美观，应用广泛，从设计到制作都较费时和耗费精力，日常管理也很费工，因此花坛的应用要根据功能的需要，因地制宜地适时布置在人们观赏视线集中的地方，也就是主景的位置。例如独立花坛布置于公园的出入口、广场中央、道路交叉口、大草坪中央以及其他规则式园林绿地空间构图中心位置作为主景使用。再如，立体造型花坛景观是以各种立体艺术造型为表现主题，一般占地面积较小，常应用于会场、道路结点处、大型建筑物前、小游园以及公众视线交点等处，创造局部空间的主景。还有，沉床花坛景观常应用于游憩绿地、休闲广场环境的低凹处，作为主景使用，它的花坛种植床低于周围地面，人们可以不必登高而能自然俯视花坛的全部景观，从而取得较好的观赏主景表现的效果。在纪念馆及医院门口的花坛，则应表现出严谨、安定、沉寂的氛围，可使用单体模纹花坛或连续花坛群景观作为主景使用。

2. 作为配景使用

带状花坛是连续空间景观，它的环境装饰效果和视觉导向作用较好，常应用在较宽阔的道路两侧、规则式建筑四周、广场、水池喷泉雕塑的周围、建筑物墙基、景墙、草坪边缘、台阶旁的坡地等处作为配景使用。总之，在有轴线的环境里，它应在主轴线的两侧对称布置，而花坛本身不一定对称，以便形成群体对称，有利于突出主景。

3. 用于开放空间

带状花坛、组合花坛沿某一方向排列布局，形成一个连续花卉景观构图整体。通常应用于较大的环境绿地空间，如大型建筑广场、休闲广场，或者具有一定规模的规则式或混合式游憩绿地中。它可用于同一地平面或斜面上，也可成阶梯式布局。阶梯式布局时可与跌水景观相结合。常以独立花坛、喷水池、雕塑组合，来强调连续景观构图的起点、高潮和结尾。连续花坛群可以布置在坡道的斜面上，斜面坡度应在30度以内，以利花坛的巩固。其两边还可以布置休息设施，以利上下游人休息。在大型建筑广场以及公共建筑设施前面可以采用组合花坛，人们还可以进入组合花坛内部观赏、散步、休息。

4. 创造水面景观

由于它可自由漂浮在水面上，在宽阔的水面上，可以丰富水上的景观层次；在较小的观赏水面之上，可以布置水上花坛景观，创造水面的主景，景观造型别致，别具一番特色（图3-8~图3-14）。

图3-8 独立花坛布置于广场中央位置作为主景使用，中央摆放了石景作为视线的焦点，以利人们平视观赏

图3-9 用在较宽阔的道路两侧的带状花坛景观，气势壮观，具有很好的配景、导向、美化作用

图3-10 环绕喷泉水池四周的红色的带状花坛，印在深绿色的草坪上，作为喷泉雕塑的配景，具有很好的环境装饰和视觉导向效果

图3-11 布置在公园开敞空间的立体造型花坛，塑造了运动员的动感，还具有很好的文化内涵

图3-12 用于下沉广场的沉床花坛景观

图3-13 在宽阔的水面上创造的水上花坛，较长时间地表现景色的变化，并创造了层次丰富的水面景观

第三章 花坛景观设计

49

 机动灵活地布置在室内大厅的移动花坛，创造很好的室内观赏效果

三 花坛景观的设计方法

1. 花坛景观构图特点

（1）主题突出，大小适宜

花坛景观是以草本观赏花卉为主要材料，按照整形式或半整形式的图案栽植而创造成的景观。花坛的设置首先必须从周围的整体环境特点和目的来考虑，突出表现花坛景观的主题、位置、形式、色彩组合等因素。一般花坛的设置不宜过大，若花坛设置的过于宏大，不仅布置起来比较费时、费力，而且很难与周围的环境相互协调，管理起来也不容易。可以根据场地的实际情况，设计大小适宜的花坛景观，以利节约经费。一般花坛面积大小为所在场地面积的1/5～1/3为宜。

（2）开花不断，线条流畅

以花为主的花坛，其中花卉植物的生长、开花习性、生态习性、观赏特性是不同的，但是要达到一年四季开花不断，就要做出不同季节的换植计划，以及图案的变化和株高配合。花坛中的内侧植物要略高于外侧，自然、平滑过渡，使整个花坛表面线条流畅。

（3）形式简单，协调环境

花坛外围几何形种植床，要求形式简单，色彩朴素，以利突出花卉造景，并且在设置花坛的同时考虑到在四周设置地灯，以营造出良好的晚间景观。

（4）因地制宜，科学配置

花台常布置在公园、广场、大型建筑前面等重点美化的地方。周围环境构成要素与花坛的造型、花卉都有着密切的关系。因此花坛景观构图还要因地制宜，科学配置，正确考虑地域的气候、立地条件、不同季节等因素，正确选择适宜当地生长的花卉植物材料进行配置。

2. 花坛景观设计

（1）总体布置及作图

作为主景的花坛景观都不是孤立的，它的表现内容、形象、色彩与所处的环境景观都会形成对比，但是必须注意相互协调一致。例如花坛的轴线与大环境的轴线应取得一致；花坛的外部应与大环境的空间相互协调一致；花坛的风格、装饰、色彩应与周围大环境的建筑物相互协调一致等。用在开放空间的花坛面积不宜超过开敞空间面积1/4。而处在道路交叉的花坛，应强调粗犷的大效果，中部高四周低，有利观赏，但是面积可以大些，因为人们不可进入细部赏景。

根据设置花坛的空间大小及花的大小以1/1000~1/500的图纸，画出周边环境的边界及花坛的轮廓图。而后再应用方格纸，按1/30 ~ 1/20的比例，将图案、配置的花卉种类或品种、株数、高度、栽植距离等，详细绘出简洁明快、线条流畅的图案设计，并附上实施的说明书，如说明花坛的立地条件、环境状况、设计意图以及相关问题等。较大的花坛可采用1/50的比例作图。如果是单面观赏的花坛或是多方向观赏的花坛，还要做出多个立面的立面图。最后列出花卉植物的名称、花色、规格、用量等表格。如果是季节性的花坛，还要注明不同季节更换的花卉。

（2）独立花坛景观设计

独立花坛的外形轮廓设计，一般为规则的几何形形状，根据周围环境的不同而选用适当的形式。例如圆形、半圆形、三角形、正方形、长方形、椭圆形、五角形、六角形等，其长短轴之比一般小于3∶1以内。独立花坛面积不宜过大，多设置在平地上，也可布置于坡形地块上。通常以轴侧对称式或中心对称式的形式进行设计。如果作为多面观赏，应设计呈封闭式，游人不能进入其中。根据花卉景观内容不同，独立花坛又有盛花花坛（集栽花坛、花丛花坛）和模纹花坛等形式。

①盛花花坛景观设计

独立的盛花花坛是展现花朵盛开的植物群体、表现色彩美的花坛，所以在设计时就要以色彩美来表现主题，以色彩设计为主，图案设计处于从属地位。所选用的草花植株高矮也比较整齐，生长势强，花朵色彩明快。不仅开花繁茂，同时还必须花期集中一致，以花朵盛开时几乎不见叶子为佳。独立花坛景观设计不仅要求花期一致、色彩协调，而且要富有高低层次感。所以四周观赏的独立花坛中植株高度设计，要求中间高四周低；单面观赏的独立花坛景观，植株高度设计要求前低、后高；平面的独立花坛，其表面与地面平行，主要观赏花坛的平面效果。

②模纹花坛景观设计

平面模纹花坛景观主要是观赏精致的图案纹样，而植物本身的个体或群体美都处于次要地位，通常以低矮的观叶或花叶兼美的植物为材料。为了人们能够清楚地欣赏花坛的纹样，图案纹样简单的模纹花坛，其短轴直径15m以内比较适宜；图案纹样复杂的模纹花坛，其短轴直径8m以内适宜。如果处在平地上的平面模纹花坛景观设计，要求花坛中央高四周低，形成一定的弧形体，以提高双面平视观赏效果；如果处在斜面地块上，花坛表面为斜面，均以平面的图案和纹样为主，一般坡度小于30度，比较容易固定。还有，独立的毛毡模纹、镶嵌模纹、标题模纹、浮雕模纹、立体模纹花坛等设计形式，多选用低矮的观叶植物或常绿小灌木作为材料，将植物修剪成具有毛毡一样的图案纹样，或修剪成凹凸相镶嵌的图案、浮雕模纹、立体模纹图案，或具有明确主题思想的图案，来表达的主题内容的文字、肖像、象征性图案等。

（3）带状花坛景观设计

带状花坛可作为连续空间景观构图设计。带状花坛景观多布置在较宽阔的道路中央或两侧、规则式草坪边缘、建筑广场边缘、建筑物墙基等处。常用规则式手法布局，其宽度可设计在1m以上，长宽比大于3∶1。长度往往大于宽度4倍以上，在环境美化中常作为配景使用，它具有较好的环境装饰的效果和视觉导向的作用。

（4）花坛群景观设计

花坛群景观设计要找出小花坛的对称中心，或对称轴线，将其对称地布置在中心周围，或轴线的两边，组合成的一个不可分割的花卉景观构图。轴对称花坛群是将各个小花坛排列于对称轴线的两侧，形成对称景观；中心对称花坛群是将各个小花坛围绕一个对称中心，规则排列在周围。轴对称的纵、横轴的交点或中心对称的对称中心就是花坛群的构图中心。在构图中心上可以设计一个独立花坛，也可以设计喷水池、雕塑、纪念碑或铺装场地等。在一个长形地块上，也可以沿着某一个方向采用独立花坛、带状花坛、立体造型花坛等形式，组合设计一个有节奏的又不可分割的连续花坛群景观。它不仅具有静态观赏的效果，而且还具有动态观赏的效果。在对称的中轴线的两侧，可以设计多个小花坛，形成单面对称花坛群景观。

（5）立体造型花坛景观设计

立体造型花坛景观是一种混合花坛，它是由两种或两种以上类型的花坛景观组合而成。例如用盛花花坛和模纹花坛组合，或者由盛花花坛和水景或雕塑等景观组成景观。立体造型花坛景观是借鉴园林营造山水、建筑等景观的手法，运用以上花坛形式与花丛、花境、立体绿化等相结合，布置出模拟自然山水或人文景点的综合花卉景观。立体造型花坛景观的设计不同于前几类表现的平面图案与纹样，它是以表现三维的立体造型为主题。往往是用钢筋、竹、木等为造型骨架材料，架内填入培养土，选用枝叶细密、耐修剪的观叶观花植物材料为主，种植于有一定结构的造型骨架上，从而形成立体装饰，如象征吉祥的各种动物、卡通形象、建筑、饰瓶、花篮、时钟、塑像等各种立体造型。一般占用面积较小，直径（或长轴）通长4~6m，造型高度可达2~3m。花坛植床围边高度10~20cm。其特点是兼有华丽的色彩和精美的图案纹样，观赏价值较高。

（6）沉床花坛景观设计

如果具有低凹的地形环境，可以因地制宜地设计沉床花坛景观，它可以不用借助于登高而能俯视花坛景观，从而取得较好的观赏效果。沉床花坛景观多设计成模纹花坛的形式。由于植床低于周围地面，设计时还要特别注意排水设计，必要时可考虑动力排水方案。沉床花坛一般结合下沉式广场设计，与游憩绿地和休闲广场相结合。

（7）水上花坛景观设计

水上花坛多选择水生花卉（多为浮水植物），不用种植栽体，直接用漂浮的围边材料（如竹木、泡沫塑料等轻质浮水材料）将水生花卉围成一定的几何形状。再选择可水培宿根花卉种植于浮水种植栽体中，将花卉植物固定生长于水面之上，使整个花坛可通过水下立桩或绳索固定于水体某处，也可在水面上自由漂浮，别具一番特色。水生花卉植物生长迅速，如不加以控制，会很快在水面上蔓延，影响整个水体景观效果。因此，植物造景时，一定要在水体下设计限定植物生长范围的容器或植床设施，以控制挺水植物、浮叶植物的生长范围。漂浮植物的水上花坛，则多选用轻质浮水材料（如竹、木、泡沫草索等）制成一定形状的漂浮框，水生植物在框内生长，框可固定于某一地点，也可在水面上随处漂移，成为水面上漂浮的绿洲或花坛景观。在园林河湖、池塘等水体中进行水生植物造景，不宜将整个水面占满，否则会造成水面拥挤，不能产生景观倒影。设计水培宿根花卉景观时，除水上花坛围边材料外，还需使用浮水种植栽体，将花卉植物固定，使其直立生长于水面之上。在较小的水面，植物占据的面积以不超过1/3为宜。还应考虑水面环境特点，可布置一种或多种植物。多种植物搭配时，既要满足生态要求，又要注意主次分明，高低错落，形态、叶色、花色等搭配协调，取得优美的景观构图。如香蒲与睡莲搭配种植，既有高低姿态对比，又能相互映衬，协调生长。也不要在较小的水面四周种满一圈，避免单调、呆板。因此，水体种植布局设计总的要求是要留出一定面积的活泼水面，并且植物布置有疏有密，有断有续，富于变化，使水面景色更为生动。

（8）移动花坛景观设计

室内外摆放的移动花坛设计，一定要采用粗线条、大色块构图，突显各品种的魅力。一般是简单轻松的流线造型，并作好镶边植物的设计。有时可以收到令人意想不到的效果。另外，在花坛摆放中还可采用绿色的低矮植物(如五色草)作为衬底，摆放在不同品种、不同色块之间，形成高度差，产生适当立体感。或者设计牢固的艺术造型骨架，摆放各种艺术造型立体花坛（图3-15~图3-22）。

图 3-15 花卉色彩对比鲜明的独立的盛花花坛，展现花朵盛开的一串红和绿叶的花卉群体，花植株高矮也比较整齐，生长势强，花朵色彩对比明快。不仅开花繁茂，同时还必须花期集中一致，具有很好的平面观赏效果

图 3-16 布置在坡地草坪上的独立模纹花坛，以低矮的花卉和观叶植物为材料，精致地制作了时钟图案纹样，不仅具有很好的观赏作用，而且还有计时的功能

图 3-17 布置在较宽道路中央的带状花坛，创造了连续空间景观构图的主体景观，具有较好的环境装饰美化效果和视觉导向作用

图 3-18 由多个小花坛规则地排列在中心周围，形成一个规则、有序的花坛群景观，吸引人们进入游览欣赏

图 3-19 公园中大象立体造型模纹花坛，亲切可爱

图 3-20 开敞空间的主体龙凤立体模纹花坛景观，生动活泼，具有吉祥之意

图3-21 采用水生花卉布置于水面之上的浮水花坛景观，具有可观赏时间长的效果

图3-22 在牢固的宝塔艺术造型骨架上，摆放了黄色菊花，创造了宝塔艺术造型的立体花坛

3. 花坛景观的色彩搭配

（1）协调色搭配

在色彩中红和黄色为暖色调；蓝色为冷色调。常用红、黄、蓝色三原色相配，如红与黄，产

生橙色；蓝色与黄色相配产生绿色；红与蓝色相配产生紫色等，从而形成中间色。在同一花坛中，避免采用同一色调中不同颜色的花卉，这会产生过度的协调。若一定要用，则可间隔配置中间过渡色。花坛景观的色彩，还要与环境色彩相协调，使得公众感到生活在同一个整体之中。

（2）对比色搭配

花坛中色彩搭配要求对比鲜明。红色与绿色、蓝色与橙色，被称为对比色。例如绿色松柏林的前面一个鲜艳的花坛，特别显出浓淡的对比，更是红绿对比的良好搭配。在同一花坛中花卉颜色的对比数量不应等同，应有主次之分，通常以一种花色为主，其它花色作为搭配，以便产生对比鲜明，又互相映衬，在对比中展示各自夺目的色彩，突显节日的气氛。

（3）单色调搭配

在一种色相之中浓淡相配，取得的效果称为"单色调和"。例如橙黄色万寿菊和孔雀草相配的花坛会使人感到活泼；深蓝色的藿香蓟花坛，外围配有浅蓝色的翠菊花卉，会使人感到舒适、安静、轻快。在园林中早春的新绿、初秋的红叶以及许多单色调的深浅相配，会产生既和谐又有变化的色彩之美。

（4）主从色彩搭配

一个花坛色彩不要太多，一般采用二到三种色彩为宜，否则会造成杂乱的感觉。色彩主从搭配，以一种色为主，其他色为陪衬色调，一般是采用淡色作为主调，深色作为陪衬色调。如果使用对比色时，其中还可以采用白色作为中间色，以便起到调和作用，提高观赏效果。

（5）环境色彩搭配

与环境色彩搭配，注意周围环境的色彩相协调，例如在公园、剧院门前或草坪上的花坛，色彩可以采用红色、橙色为主，使人感到对比鲜艳、鲜明活泼。而在办公楼、纪念馆、医院的花坛则以淡色花卉为主要材料，使人感到幽雅安静。深色墙面前面的花坛，以浅色花卉为主；在白粉墙墙面的花坛，用鲜艳的深色花卉为宜。

（6）感情色彩搭配

花卉景观的色彩是富有感情的，但它又是复杂而又微妙的，因地、因人的情绪条件的不同而有差异，一般来说有如下的感情色：

创造兴奋、欢乐、热情、温暖、富有活力花坛景观，多使用红、黄、橙色花卉为主；

创造明亮、华丽、高贵、庄严的花坛景观多使用橙色为主；

创造温和、光明、快活、华贵、纯净的花坛景观多使用黄色为主；

创造希望、坚强、庄重的花坛景观多使用青色为主；

创造秀丽、清新、宁静、深远的花坛景观多使用蓝色为主；

创造华贵、典雅、娇艳、幽雅的花坛景观多使用紫色为主；

创造纯洁、神圣、清爽的花坛景观多使用白色为主。

设计花卉景观的色彩，还要注意地区的不同，我国北方地区冬季寒冷，绿色贫乏，比较喜欢红色调，我国南方气候温暖，植物全年葱茏茂密，所以花卉景观色彩用色较多（图3-23~图3-28）。

图3-23 该花坛以红色
为主调，并在其中使用了
小部分蓝色作为对比，与
环境色也比较协调

图3-24 在深绿色的草
坪上，带状花坛采用了暖
色红与冷色蓝，特别鲜艳
夺目，形成强烈的对比

图3-25 在一种暖色相
之中，有红橙色相配，显
得非常调和，使人有厚重
之感，会产生既和谐又有
变化的色彩之美，具有明
亮、华丽、高贵、庄严
之感

图3-26 在绿色的草坪上，配置了蓝色的花坛，显得非常协调，但是又落下了星星点点的粉色樱花花瓣，使得景观色彩在对比中产生过渡，又取得了和谐的效果，随着时间的变化，又进一步提高观赏效果，具有华贵、典雅、娇艳、幽雅纯洁清爽之感

图3-27 用单色调黄色花篮立体花坛，创造室内温和、光明、快活、华贵、纯净感觉

图3-28 紫色橄榄为主，搭配白色橄榄的花坛，创造华贵、典雅、娇艳、幽雅纯洁、神圣、清爽之感

4. 花坛景观中的花卉植物选用

花坛景观中的花卉植物要选择：植物株形整齐，叶小，花期一致，具有多花性，开花整齐繁茂，花期长，花色鲜艳，耐修剪，耐干燥、抗病虫害、矮生的品种。

（1）一、二年生草花

春季：芍药、金盏菊、天竺葵、虞美人、金鱼草、美女樱、三色堇、鸡冠花等。

夏季：百合、蜀葵、玉簪、桔梗、紫茉莉、矮牵牛、凤仙花、萱草、天竺葵、四季海棠、一串红、香雪球、荷花等。

秋季：菊花、百日草、雏菊、波斯菊、满天星、百合、一串红、大花蕙兰、蝴蝶兰、红掌、万寿菊、石竹、翠菊等。

冬季：一品红、君子兰、仙客来、瓜叶菊、蟹爪莲、小苍兰、水仙、天堂鸟等。

（2）多年生花卉（宿根花卉、球根花卉、宿根花卉）

风信子、郁金香、鸢尾、小菊、地被菊、满天星、四季海棠等。

（3）独立花坛常选用花卉植物

一串红、福禄考、矮雪轮、矮牵牛、金盏菊、孔雀草、万寿菊、雏菊、三色堇、风信子、郁金香、石竹、美女樱、千日红、百日草、宾菊、银白菊、雏菊、羽衣甘蓝等。

（4）模纹花坛选用花卉植物

五色苋、白草、半枝莲、香雪球、景天类、孔雀草、百蕊草、雏菊、石莲花、菩甲草、一串红等。

（5）花坛边缘选用花卉植物

半枝莲、三色堇、垂盆草、香雪球、雪叶菊、雏菊等。

（6）水上花坛选用花卉植物

凤眼莲、荷花、睡莲、水生美人蕉及禾本科草等。

（7）点缀花坛形态优美的树木

侧柏、黄杨、苏铁、棕榈、朱蕉、剑麻、金边龙舌兰、五针松、紫薇、南天竹、佛手、石榴、山茶花、蜡梅、绣球花等。

四 花坛景观精品案例选（图3-28~图3-51）

图 3-29 法国凡尔赛宫
的草坪花坛

图 3-30 公园干道旁的
带状花坛，和花境、花箱
融为一体

图 3-31 公园入口处的
立体造型模纹花坛

图 3-32 沿着道路及山坡间的花境景观，不仅美化了环境，还维护了安全。

图 3-33 道路分车绿带中的模纹花坛

图 3-34 公园中的立体造型模纹花坛

图3-35　公园休闲广场的独立模纹花坛

图3-36　沿着建筑墙基的单面花境景观

图3-37　法国凡尔赛宫主干道对称带状花坛群的一侧景观

图3-38 俄罗斯公园草坪的独立模纹花坛景观

图3-39 道路旁立体龙的造型模纹花坛景观

图3-40 水面花坛景观

图3-41 室内大厅环绕立柱基础的移动花坛

图3-42 道路旁立体凤凰造型模纹花坛景观

图3-43 开放空间的自然长条状带状花坛景观，非常适宜动态观赏

图3-44 公园主干道旁
对称布置的带状花坛群的
一侧景观

图3-45 公园广场绿地
的花坛群景观

图3-46 公园广场的花
坛群景观

图3-47　雕塑周围的移动花坛景观

图3-48　街头绿地的立体造型模纹花坛群

图3-49　花篮式立体造型模纹花坛景观，别有情趣

图3-50 建筑前广场的移动花坛和立体造型花坛群景观

图3-51 公园干道旁的带状花坛群景观

五 花坛景观施工与养护管理

1. 花坛景观施工

（1）施工放样

花坛施工的总原则，是严格按照设计规定进行施工，保证花坛的位置正确，图案线条清楚和花卉植株生长茂盛。其放样可用测量仪器将花坛群中的主花坛的中心纵横坐标落实到地面上，再将纵横中轴线上的其他小花坛中心点落实，而后在地面上将各中心点用沙或石灰连线，最后落实各个小花坛的边缘线，做出图形，或者按照设计图纸的方格比例，放大到地面，用石灰粉画出花坛的边缘线。

（2）种植床制作

花坛的边缘线完成后，可沿着边缘线开挖基槽，其宽度应大于边缘石的10cm左右，深度为12~20cm。基槽底部要求整平、夯实，不能留有下沉的隐患。在基槽底部，做粗砂垫层，3~5cm，找平，而后用砖或石1∶2水泥砂浆，砌筑高15~45cm高的边缘石矮墙。再用1∶2.5的水泥砂浆抹面矮墙，最后按照设计要求进行装饰贴面。种植床边缘石通常用一些建筑材料作围边或床壁，如水泥砖、块石、圆木、竹片、钢质围栏、机制砖、废旧电瓷瓶等。最好是因地制宜、就地取材建造缘石矮墙。种植床的形式多样，有平面式、龟背式、阶梯式、斜面式等。

一般地面花坛高度应低于人们的视平线，保证人的视线能看到全貌，以利观赏。为了突出表现花坛的外形轮廓和避免人员踏入，花坛的种植床一般高出周围地面10cm，大型花坛可高达30~40cm，以增强围护效果。其厚度因材料不同而异，一般10~15cm，大型的种植床边可以适当增宽至25~35cm，兼有坐凳功能的床壁，可以宽达40cm。特别是模纹花坛的种植床，可使用各种建筑材料，如彩色石，以烘托图案。

（3）土地整理

种植花卉的土壤必须要土层深厚、土壤肥沃、疏松。在种植前，必须松土地整理，深翻40cm左右，按照设计图的要求进行整理，把土中的石块、杂草、树根等杂物拣去。土质不好的，还应换上好土，施足基肥。单面观赏的花坛，地形整理要求前低后高；一般花坛要求四周观赏的花坛地形整理要求中间高四周低，花坛表面应做成5%~10%的排水坡度，以利排水。种植土面应低于花坛边缘石顶部2~3cm，形成凸起的土面。整细表土，以备种植花苗。

（4）花卉种植

按照比例将花坛的设计图案、纹样图纸的方格放大到种植床的土面上，进行种植，或者依照花坛的中心为准，向四周对称拉几条直线，将花坛分成几个块面，与设计图块面对应施工种植。如果在夜间施工，用幻灯照片图投射到地面，也可以保证按设计图种植。

花坛用苗：花坛景观施工使用的花苗，往往是在花圃中培育好的含苞待放的花卉植株，以便达到种植后很快观花的目的。植株不宜过大或过小，尽量保持一致。花苗在移栽前，要先将花苗浇水一次，以便保存土壤的湿度，防止移花苗时伤根。起花苗时要保持花苗的根系完整，随起随植，或脱盆及时种植。搬运花苗要防止挤压、伤害植株。按照花苗的高低大小分别各类摆放，以便快速种植。

花苗种植的时间：为了有效地减少其体内水分的蒸发，以每天早晨、下午4点钟以后，或晚间进行为宜，最好在阴雨天进行种植，切记不要在烈日暴晒时种植施工。

花苗种植的顺序：种植时首先在地面上覆盖一层基肥，一般可选择腐殖土，细致整地，深度在20~25cm。四面观赏的花坛种植的顺序是先种植中心部位，而后四周种植；单面观赏的花坛就要先从后面开始种植，然后逐渐向前种植；高低不同的花坛，先高处种植，而后低处种植。如果使用盆栽花苗种植，可以连盆一起埋入土中，但是要注意盆边不要露出地面。也可以将盆中花苗倒出，保持盆土不散，便于定点种植。模纹花坛的种植，首先应种植模纹图案部分，然后再种植其他部位，种植时保持植株高低一致。

花苗种植株行距：应按照设计图种植株行距大小进行，一般五色草以2.5～5cm为宜；中等花苗如石竹、金鱼草、可以按15～20cm距离间隔；大苗一串红、金盏菊、万寿菊以30～40cm为宜。植株间种植采用交叉三角形种植。种植完成后，应及时浇透第一次水，维护植株的根系与土壤紧密接触。花坛苗种植后必须立即浇透第一次水，使得花苗的根系与土壤紧密接触，以便提高花卉的成活率。模纹花坛的种植纹样应精致，但是外形轮廓可以简单，一般纹样可以保持在5cm或10cm左右。

（5）立体造型花坛景观制作

立体造型花坛是在花坛中用钢筋、竹、木、网状物等材料，构成各种造型，例如人们喜爱或象征吉祥的龙、大象、孔雀、鹿、熊猫、猴子、牛，或者饰瓶、花篮、时钟、塑像等各种立体造型骨架，并在架内填入培养土，种植观叶观花植物所形成的花卉景观。也可将内部填入苔藓等有机土，通入滴水管和通气管，外部加用营养泥土，用蒲包或塑料网等将粘湿泥土固定，塑成设计的造型，再用花卉材料如五色草等种植到蒲包的缝隙中，将五色草的根填紧、压实。种植的顺序是先从下部开始，然后逐渐向上种植。种植的密度要大，平时要及时喷雾水、修剪、保持外形的整齐清洁。立体造型花坛的重要部位，可以适当点缀新鲜花卉或装饰物，但是装饰物不宜过多，以免喧宾夺主。另外，在立体造型花坛的基础面上，还可以配置草坪或模纹花坛。

（6）水面花坛制作

浮叶植物可生长于稍深的水体中，但其茎叶不能直立挺出水面，而是浮于水面之上，但是其花却开在水面上。选择水生花卉多为浮水植物，不用种植栽体，直接用竹木、泡沫塑料等轻质浮水材料作为围边材料，围成几何形轮廓。将水生花卉围在其中，形成一定几何形状景观。或用浮叶花卉睡莲、王莲、芡实、菱等种植栽体，将其固定生长于水面之上。整个花坛可通过水下立桩或绳索固定于水体某处，或在水面上自由漂浮。漂浮植物整株漂浮生长于水面或水中，不固定生长于某一地点，因此，这类水生植物可设计运用于各种水深的水体植物造景，这类水生植物生长繁殖速度快，极易培养，并能有效净化水体。大面积种植挺水或浮叶水生植物，一般使用耐水建筑材料，根据设计范围，沿着边缘砌筑种植床壁，在床壁内侧种植种水生花卉植物。较小的水池可根据配置植物的习性，在池底用砖石或混凝土砌成支墩，以调节种植的深度，将盆栽的水生植物放置于不同高度的支墩上。如果水池深度合适，则可直接将种植容器置于池底。

（7）移动花坛景观制作

移动花坛景观是由许多盆花组成，适用于铺装地面和装饰室内。花坛的布局与摆放随地形、环境的变化而异，采用不同的色彩及图案进行布置。在摆放中还要选好镶边植物，其植物应低于内侧花卉，围绕1～2圈即可。外圈宜采用整齐一致的塑料套盆，其品种选配视整个花坛的风格而定，若花坛中的花卉株型规整、色彩简洁，可采用枝条自由舒展的天门冬作镶边植物，若花坛中的花卉株型较松散，花坛图案较复杂，可采用五色草或整齐的麦冬作镶边植物，以使整个花坛显得协调、自然（图3-52、图3-53）。

图 3-52　移动花坛景观制作

图 3-53　立体造型花坛施工

2. 花坛景观养护管理

（1）浇水

由于花卉植株比较幼小，一切管理工作都必须细心。平时管理要注意及时浇水、保持土壤湿润。平时根据土壤干湿程度和植株表现适时浇水，浇水时间一般在早上或傍晚为宜，水质以天然雨水、池塘水为好，不要使用深井内的硬水或海水、盐碱水。

（2）保持美观

平时要保持花坛的美观，及时除去杂草，剪除残花枯叶，如果花苗缺株应及时补上，保持花坛整体的清洁美观。如果发现有害虫或病植株产生，应立即根除，及时种植缺株。特别是模纹花坛观赏利用时间较长，施工复杂，又费工，要精心管理，五色草种植的模纹花坛，要常整形修剪，以保持模纹图案的清晰、整洁。

（3）施肥

如果是多年生的花卉，每年可以施肥2~3次；一二年生的花卉，可以不施肥，如有必要可以进行根外追肥。

（4）换花

由于花卉开花都有一定的期限，要使花坛一年四季都能保持美丽的景观，就要根据季节和花卉植物的花期不同而适时更换花卉（图3-54）。参见本书前文"花坛景观中的花卉植物选用"内容。

图3-54　花坛景观养护管理

第四章
花境
景观设计

原始的花境景观是根据主人的喜爱，选择可以越冬、方便管理的宿根花卉，布置在私家庭园的路边和墙脚下。花境是起源于欧洲的花卉植物种植形式，二战后出现混合花境和四季常绿的针叶树花境，直到19世纪后期，开始应用艺术手法将宿根花卉，按照色彩、高度、花期搭配一起成群种植，形成从早春到晚秋开花不断的优美景观。

花境景观是介于规则式和自然式之间的花卉景观，并兼有规则式和自然式的综合特点。其中的花卉是以多年生草花和花灌木为主，一般花期较长，结合观叶植物和一二生草花，点缀花灌木、山石、各种器物等。既可欣赏花卉植物本身的自然美，又可欣赏花卉植物相互组合的群体美。它是沿着长轴方向连续演进的连续花卉景观构图，外形轮廓较为规整，长轴较长，短轴宽度根据游人最佳视距和视场而定，内部花卉的配置成丛或成片，自由变化。它具有花卉植物种类丰富、季相变化明显、色彩斑块交错、立面高低错落的特点。本章以花境景观的类型和应用为基础，注重叙述花境景观的设计及花境景观施工与养护管理的方法。

一 花境景观的类型

按花卉植物类型不同可分为：灌木花境景观、草本花卉花境景观、混合花境景观、专类植物花境景观；按观赏方式的不同可分为：单面观赏花境景观、两面观赏花境景观、对应花境景观等。

1. 灌木花境景观

它是使用适宜当地生长的花灌木为主的花境景观，其中的花灌木选用应具备观花和观叶等特点，例如红叶、银色叶、花斑叶等。

2. 草本花境景观

它是以适宜当地生长的多年生草本花卉为主的花卉景观，它要求其中的花卉品种是在当地都能够平安越冬的多年生花卉。

3. 专类花境景观

它是以适宜当地生长的同一类花卉植物或同一种花卉植物为主的花卉景观。

4. 混合花境景观

它是采用适宜当地生长的花灌木和耐寒的多年生花卉为主的花卉景观。

5．单面花境景观

花境两边具有一定的高度差，比较高的一边在后，并具有明显的背景植物或构筑物，游人不能到达；比较低矮的一边在前，游人可以在这一边自由欣赏的花卉景观。宽度为 2～4m。

6．双面花境景观

设置在道路、广场的中央的花境，中部的景观较高，两边的景观较低，游人在两边都可以自由动态欣赏花卉景观。宽度为 4～6 m。

7．对应花境景观

分别设置在道路两边的花境，各自沿道路两旁演进，两边景观形成一个不可分割相对近似的景观整体，则为对应花境景观（图4-1～图4-12）。

图 4-1　以当地生长的花灌木金钟花为主的花境景观

图 4-2　以当地生长的花灌木紫叶小檗为主的花境景观

图 4-3　花灌木红叶石楠和杜鹃花为主的花境景观，春季粉红色的杜鹃花开完后，还有深红色的红叶石楠幼叶，显得氛围热烈

图4-4 以当地生长的多年生草本花卉美人蕉等为主的花境景观

图4-5 以当地生长的球根花卉水仙花为主的专类花境景观

图4-6 以当地生长的球根花卉郁金香为主的专类花境景观

图4-7　以当地生长的一年生花卉—串红、彩叶草为主的草本花境景观

图4-8　以当地生长的菊花类为主的专类花境景观

图4-9　以当地生长的花灌木小叶虎刺和长春花为主的混合花境景观

图4-10 前低后高的单面观赏花境，方便游人自由动态欣赏景观

图4-11 设置在道路的中央，中部的景观较高、两边较低的两面景观花境，两边的行人游人都可以自由欣赏

图4-12 配置在道路两边的对应花境，对称地沿道路两边排列演进

花境的应用与当代人们回归自然的追求相适应，也符合生态城市建设对植物多样性的要求，起到节约资源、提高经济效益的目的。花境常以带状的形式进行布置景观，因此它被广泛运用于各类风景、公园、街心绿地、家庭花园、道路两旁、栏杆和建筑物基础、墙边、花廊花架、台阶两旁、挡土墙边、斜坡地、林缘、水畔池边、草坪边缘、树丛、绿墙、绿篱等处。

1. 布置公园绿地

为了适合公园的环境的需要，一般采用带状花境的方式，布置在公园的草坪和道路两边，以充分地利用带状地块，创造花中游的空间景观。在小型园林绿地中，其周边充分利用带状花境，可进而扩大园林空间的美感效果。

2. 用于美化道路

在道路的分车绿带上，可布置两面观赏的花境景观；在道路两侧为了适合周边环境的需要，布置单面观赏的带状花境；还可以综合地使用以上两种方式布置对应花境，形成花园道路景观。

3. 美化建筑基础

在建筑的基础，布置单面观赏的花境景观，使建筑物的色彩与花境的色彩相互对比与协调，使得建筑环境景观得到缓和过度，打破建筑物生硬的格局。花境景观沿着绿墙、绿篱、花架、林缘、构筑物的基础布置，将其作为背景，便形成单面观赏的花境景观，非常有利于行人的观赏（图4-13~图4-15）。

图4-13 布置在公园草坪上的带状花境和立体模纹花坛，以充分地利用公园绿地中带状地块，进而达到扩大空间、丰富景观层次的效果

第四章 花境景观设计

77

图4-14　在道路两侧布置单面观赏的花坛，还可以综合地使用以上两种方式布置，形成花园道路景观

图4-15　沿着建筑基础和道路旁布置的单面观赏花境，将绿墙作为背景，气势壮观，非常有利于行人的观赏

三　花境景观的设计方法

1. 花境构图特色

（1）高于自然的连续构图

花境景观是沿着长轴方向演进的动态连续构图，其内部表现花卉植物自然美和群体美，种植

床的边缘是具有几何轨迹的曲线，通常配置低矮的镶边植物，或边缘石。它既保留了自然界花卉的原生态景观，又表现了人工美的独具特色。

（2）草本、木本综合配置

根据自然风景中野生花卉的自然生长规律，通过艺术地加工提炼，使得花境内部的布置是表现自然花卉的生长规律。在花境中采用了多年生草本花卉为主、木本花卉配合的综合配置的理念，使得花境的种植床中的花卉种类丰富，季相变化又明显。在花境景观中虽然花卉的配置粗放，花期也不要求一致，但是在同一季节中花卉的姿态体型、数量要求协调，色彩对比和整体构图严谨，一年四季都有花开和色彩的变化。所以花境在城市园林景观布置中的装饰效果比较突出。

（3）整体造型高低错落有致

在花境的种植床内，将不同的花卉高低错落地进行排列，富有层次变化，不仅可以充分地对植物个体生长的自然美进行表现，还可以对植物展现自然组合的花卉群体美。立面丰富，景观多样化，由于花境景观是欣赏花卉植物本身的自然美，以及它们相互组合的立体群落景观，所以其构图不仅是有平面图案美，还有高低错落的立体群落的自然美，其平面构图是规则的。

2．种植床设计

（1）种植床大小

花境景观的长度可以根据需要而定，过长的花境，可以分段设置，每段20m以内为宜，每段之间可留2m左右地段，设置座椅等小品景观，以利路人坐息赏景。花境的宽度，可根据观赏者的视觉要求而定，过宽不宜管理；过窄达不到景观效果，一般混合式花境4~5m，单面花境宽度2~4m；双面花境宽度4~6m为宜。在较宽的环境中可设置1m以内的小路，有利通风和花卉植物根系的隔离。花境景观的宽度要因地制宜，不宜过宽，它与背景高低、道路宽窄有关，背景高的或道路宽的地方，花境景观可以宽些。

（2）种植床坡度

花境的种植床多为带状。单向花境的种植床前后为平行线，或后面为直线，前面为自然曲线。单面观赏的花境景观要求前面低、后面高。据地形高低起伏，外围轮廓设置草坪低矮花卉或低矮栏杆，创造了前面低、后面高的单面观赏的花境景观。地形坡度为2％～4％，如果提高种植床，有利排水。

（3）单向花境景观设计

单向花境设计要求前低后高的植物造景。背景的衬托是单面花境景观不可分割的因素，而理想的搭配就是设置绿色的树墙或绿篱，它能自然衬托优美花境的景观效果。如果是建筑物背景，则要注意色彩对比等。环境中花卉植株的高度不得超过背景的高度，如果位于建筑物前面，其高度不应超过建筑的窗台高度，距离建筑物50cm左右。虽然单面花境中花卉植株高度要求不严，但是开花时，前面的花卉不宜遮挡后面的花卉景观的表现，既要体现花卉植物自然组合的群体美，又要注意表现植株个体的自然美，尤其是多年生花卉与花灌木的运用，精心选择花、叶并美、植株形体完整、观赏价值较高的种类，并注意高低层次错落的搭配关系。单面花境的边缘设计也是必需的，它不仅有镶边美化、衬托整体的作用，还可以起到保护的功能，常种植低矮的花卉。如果是高床花境，其边缘可设置自然石块、瓦片、竹木条等以便起到保护作用。

（4）双向花境景观设计

两面观赏的花境景观要求中间高两边低。花灌木多布置于花境中央，其周围布置一些宿根花卉，最外缘布置低矮的一、二年生花卉。种植床中的花卉可成块、成带或成片布置。不同种类交替变化，既要体现花卉植物自然组合的群体美，又要注意表现植株个体的自然美。边缘也可用矮生球根、宿根花卉或绿篱植物嵌边，提高美化装饰效果。

（5）对应花境景观设计

对应花境景观设计与单向花境设计要求基本相同，但是花境的长轴要求南北走向，有利对应花境中花卉植物都能得到均衡的光照，充分体现花卉植物自然生长的群体美和植株个体美。

3．花境景观色彩搭配

（1）四季色彩景观变化

花境常采用多种色彩花卉进行配植，花卉植物要求高低错落，花期虽然不一致，但是在同一季节中要求有花开，花卉的色彩、姿态体型、数量协调，整体构图严谨，一年四季花卉都有花开和色彩的变化。展示花境景观丰富的层次结构、曲线自然美，花色层次分明。

（2）与环境色形成对比

花境景观的色调与环境色调要求对比强烈，例如在红墙前使用白色、蓝色、粉色花卉就会显得对比鲜明活泼；在白色墙前使用红色、橙色花卉就更加鲜艳。采用冷色花卉的花境景观，会有扩大空间环境的感觉，在夏季还会给人们带来清凉的感觉；春、秋季的暖色花境景观，会给人们带来暖意（图4-16~图4-19）。

图4-16　配置在路旁的单面花境，前低后高，其粉红花色的花境与深绿色的背景树丛形成色彩的对比，体现花卉植物自然组合的群体美，观赏价值较高

图4-17　布置在道路旁的双面花境景观，花境中央有花灌木，其两边和周围布置较高一些的宿根花卉，最外缘布置低矮花卉，种植床中的花卉成块、成带布置，不同种类交替开花，既体现花卉植物自然组合的群体美，又要注意表现植株个体的自然美

图4-18　布置在水边和路旁的花境，采用了多种色彩花卉进行配植，花期虽然不一致，植物高低错落，但是在同一季节中花卉的色彩、姿态体型、数量协调，整体构图严谨，一年四季花卉都有花开和色彩的变化，展示了花境景观丰富的层次结构和曲线自然美，花色层次分明

图4-19　使用粉蓝色、红色、粉色花卉与大环境的深绿色树丛和褐色建筑色彩形成鲜明对比，突显花境景观的鲜明活泼

4．花境景观的花卉植物选用

因地制宜地根据当地的具体环境位置、光照、土壤、水分等立地条件不同和各种花卉特性的不同，选用花期长、色彩鲜艳、适应性较强、冬季能够露地过冬、栽培管理简单方便的品种。如果是不同色彩花卉品种，要求开花成丛、突显季节变化和某一种色调。其中花卉植物要求高低错落有序，一年四季美观，具有季节性的交替，不断有花可赏，花后的营养体一直保持在种植床土中自然生长发育。

（1）常用草本花卉

美人蕉、大丽花、小丽花、萱草、波斯菊、金鸡菊、芍药、蜀葵、黄秋葵、沿阶草、麦冬、鸢尾、射干、玉簪、紫茉莉、菊花、水仙、郁金香、风信子、葱兰、石蒜、韭兰、三叶草、唐菖蒲、一叶兰、紫露草、蜀葵、石竹类、银叶菊、朝雾草、黄金艾蒿、紫菀、落新妇、岩白菜、风铃草、铃兰、金鸡菊、火星花、蒲包牡丹、毛地黄、松果、天人菊、山桃草、铁筷子、萱草类、珊瑚钟、玉簪类、鸢尾、火炬花、野芝麻、薰衣草、大花滨菊、蛇鞭菊、花叶薄荷、美国薄荷、月见草、福禄考、夏枯草、金光菊、鼠尾草、银灰菊、佛甲草、庭菖蒲、百里香、紫露草、美女樱、地被婆婆纳、柳叶马鞭草、紫叶鸭跖草、紫叶酢浆草、虎耳草、白芨、迷迭香、凤仙、矮牵牛、萱草。

（2）不同季节常用草本花卉

季相变化，是花境景观的基本特征，一年四季有景可观是基本要求。首先要考虑各个季节景观效果，如色调、株型、质感等，而后选择好能表达意图的花卉种类和各个季节衔接花卉的搭配等。

春季：常用种类有金盏菊、飞燕草、桂竹香、紫罗兰、耧斗菜、荷包牡丹、风信子、花毛茛、郁金香、蔓锦葵、石竹类、马蔺、鸢尾类、铁炮百合、大花亚麻、芍药、三色堇、半枝莲等。

夏季：常用种类有蜀葵、射干、美人蕉、大丽花、天人菊、唐菖蒲、向日葵、萱草类、矢车菊、玉簪、鸢尾、百合、卷丹、福禄考、桔梗、晚香玉、葱兰、芍药等。

秋季：常用种类有各类菊花、雁来红、乌头、百日草、鸡冠、凤仙、万寿菊、醉蝶花、麦秆菊、硫华菊、翠菊、紫茉莉等。

冬季：常用种类有羽衣甘蓝、红叶菜等。

（3）特色花卉选用

株体高：蜀葵、飞燕草、羽扁豆、蛇鞭菊、马兰花等。

花期长，花叶并美：玉簪、萱草、荷包牡丹、鸢尾、薰衣草、景天、射干、飞燕草、福禄考等。

宿根类：鸢尾、芍药、萱草、玉簪、耧斗菜、荷包牡丹、博落回、萱草、大花金鸡等。

球根类：百合、石蒜、大丽菊、水仙、郁金香、唐菖蒲、葱兰、韭兰、美人蕉、红花石蒜、风信子等。

地被类：菲黄竹、菲白竹、老鹳草、常春藤等。

观赏草类：血草、蓝羊茅、芒、金心苔草、花叶芦竹、狼尾草。

深根系：石蒜类。

浅根系：景天类。

水平色块：单花顶生花卉类型，如金光菊等。

竖线色彩：总状花序或穗状花序类型，如大花飞燕草、蛇鞭菊等。

（4）灌木选用

常绿灌木：杜鹃、蜡梅、八仙花、茉莉花、紫叶小檗、红花檵木、连翘、茶花、常春蔓、南天竹、凤尾竹、棕竹、五针松、朱蕉、变叶木、十大功劳、龙舌兰、苏铁、铺地柏等。

落叶灌木：锦带花、红瑞木、丁香、紫薇、紫荆、珍珠梅、红玫瑰、黄刺梅、金银花、榆叶梅、美人梅、紫叶矮樱、迎春花、溲疏、伞房决明、金丝桃、大花六道木、绣线菊、木槿、杞柳、糯米条、吊竹梅、梅花、棣棠、月季、牡丹、金钟、珍球梅、榆叶梅、红枫、寿星桃、矮生紫薇、贴梗海棠等。

（5）花境的背景设计

以建筑或构筑物作为背景的单面花境观赏，使花境景观与建筑物的色彩相互对比与协调，使得花境景观与环境景观得到缓和过渡，打破建筑物生硬的格局。为了适合公园等大型环境空间的需要，在花境景观的后面，还应设计绿墙、绿篱、花架、林缘，将其作为背景，其背景与花境之间还应留有0.5m宽的小路，以便花卉植物的自然生长，也有利于管理。

5．设计作图

（1）总平面图

总平面图，做出周围环境的位置，例如建筑物、道路、草坪、大型树木等所在位置等，按照整体环境的大小，选用1∶100～1∶500的比例作图。

（2）平面图

平面施工图，作出具体花境的边缘线、背景、花卉植物的种植图。用自然曲线绘出各种花卉花丛种植的范围，并写出花卉的种名或编号。为了突出花境景观的主调，以主要花材的花丛数量为主，其他配景花卉布置在其外围。在每个单元花卉种植丛内，根据面积大小、单株花卉的冠幅大小，算出花卉植株数量。再根据花境面积大小可用1∶20～1∶50的比例，作出平面设计图，最后用列表的方法，标明花卉名称、规格、花期、色彩、种植密度、数量和说明等。

（3）立面图

花境景观应有丰富的立面景观效果，表现花色层次丰富、高低起伏的花卉群体美。根据花境景观的主要季节景观的不同，做出各种不同立面景观效果图。可采用1∶100～1∶200的比例作图。简述设计者在图中难以表达的内容、意图以及管理要求等。

四 花境景观精品选（图4-20~图4-50）

图4-20 道路旁的花境景观，是以当地生长的鸡冠花、彩叶草、一串红等组合的混合花境景观

图4-21 道路旁的草本花境景观，是以当地生长的粉红色和蓝色矮牵牛等组合的混合花境景观

图4-22 道路旁的草本花境景观

图4-23 道路旁的木本花境景观，是以当地生长的变叶木为主的专类花境景观

图4-24 上下道路台阶之间的木本花境景观，是以当地生长的黄杨和红叶珊瑚为主的混合花境景观

图4-25 道路旁的花境景观，是以当地生长的鸡冠花、一串红等组合的混合花境景观

图4-26 道路旁的花境和花台相结合的景观，是以当地生长的鸡冠花、一串红等组合的混合花境景观

图4-27 道路旁的花境景观，是以当地生长的矮牵牛、孔雀草、杜鹃花等组合的混合花境景观

图4-28 公园开放空间的单面花境景观，是以当地生长的一串红、矮牵牛、孔雀草和观叶植物组合的混合花境景观

图4-29 公园开放空间的草坪中的彩叶植物花境景观，是以当地生长的各种彩叶草植物组合的混合花境景观

图4-30 公园开放空间的草坪中的多面观赏花境景观，是以当地生长的各种彩叶草植物及一串红组合的混合花境景观

图4-31 室内沿着路边的对应花境景观，是以当地生长的各种菊花组合的专类花境景观，具有相对观赏景观和良好导向的作用

图 4-32 道路旁的斜坡地上的花境景观具有观赏和维护安全的作用

图 4-33 道路旁单面观赏的花境景观，是以当地生长的孔雀草和观叶植物等组合的混合花境景观

图 4-34 公园道路旁单面观赏的花境景观，是以当地生长的孔雀草和观叶植物紫色苋等组合的混合花境景观

图4-35 建筑墙基的花境景观

图4-36 公园广场的石景花境景观，具有烘托主景的作用

图4-37 公园道路中间两面观赏的花境景观，是以当地生长的观叶植物为主组合的混合花境景观

第四章 花境景观设计

89

图4-38 公园道路旁单面观赏的花境景观，是以当地生长的矮牵牛、一串红和观叶植物组合的混合花境景观

图4-39 道路旁的花境景观，是以当地生长的矮牵牛等组合的花境景观

图4-40 公园道路旁的花境景观，是以当地生长的百蕊草等组合的花境景观

图 4-41 道路旁的花境景观，是以当地生长的水仙花的专类花境景观

图 4-42 道路旁的花境景观，是以当地生长的彩叶草等组合的混合花境景观。

图 4-43 公园开放空间的花境景观，是以当地生长的孔雀草、矮牵牛组合的混合花境景观

图4-44 公园开放空间的草坪边缘中的花境景观，是以当地生长的各种花卉组合的混合花境景观

图4-45 道路旁的花境景观，是以当地自然生长的各种花卉组合的花境景观

图4-46 道路旁的花境景观，是以当地生长的郁金香等组合的专类花境景观

图4-47 道路旁的花境景观，是以当地生长的一串红、矮牵牛等组合的花境景观

图4-48 道路旁的花境景观，是以当地生长的观叶花卉组合的专类花境景观

图4-49 道路旁的花境景观，是以当地生长的花卉组合的花境景观

图4-50 公园出入口广场的多面观赏的花境景观

五 花境景观施工与养护管理

1. 花境景观施工

（1）土地整理

花境需要花费较大的精力进行土地整理。花卉是以多年生花灌木为主，第一年施工就要深翻，40~50cm，如果土质不好，还要增加底肥，施足基肥，种植喜酸性花卉时还要增加有机肥或泥炭土。然后，整理表土，施工时首先在地面上覆盖一层基肥，一般可选择腐殖土，及时整地，深度20~25cm，整地过程中将土壤中的石块、树根和杂草等除去。

（2）建造植床

花境植床要高于地面，或与周围地面基本相平，中央可稍稍凸起，保持4％左右的坡度，以利排水。有围边时，植床可略高于周围地面。植床长度依环境而定，但宽度一般不宜超过6m。单向观赏花境宽2~4m，双向观赏花境宽4~6m。

（3）种植方式

花境景观非常适合配置在城市道路、建筑、绿篱等人工构筑物与自然环境之间，可以在人工与自然之间发挥出较好的过渡作用。花境景观为半自然式的连续景观，周边较规整，内部种植比较自然，连续演进时要保持一个统一的基本色调。一个花境用10种左右的花卉植物就可以了。种植的步骤，应根据花境是多面还是单面的做出决定，单面观赏的花境，从最后面开始；双面观赏花境景观种植，应从中部轴线开始，而后再两边继续，先种植较大的花卉植株，后种植较低矮的花卉，或先种植宿根花卉，再种植一二年生花卉。

（4）花卉栽植时间

大部分花卉种植以早春为宜，为了有效地减少其体内水分的蒸发，一般选择在天阴时间最好，或者在早、晚间进行种植，切忌不可选择在烈日下进行栽种。

（5）背景与镶边

背景与镶边是花境景观中重要的元素之一，由于花境大多是开花植物，色彩艳丽，季相变化明显，所以对于场地环境的要求是比较苛刻的，解决好环境和花卉植物的对比、和谐共处是重点。特别是单面观赏的花境的背景，可以用树墙、装饰墙、绿篱、格子篱墙等，其色彩可以采用白色或深绿色，以便产生对比，突显花境景观的艳丽；双面观赏的花境景观在两边都要进行镶边，而单面观赏的花境景观，可在沿道路的一边进行镶边。使用植物材料镶边要求植株矮小、叶和花并美、一年四季都能保持常绿美观。草坪镶边宽度在80cm左右，灌木镶边宽度在40cm左右。

2. 花境景观管理养护

花境景观花卉植物种植后，要求坚持多年，一年四季中要保持常规的中耕、除草、施肥、灌溉和局部的换花、日常管理都很重要。

（1）浇水

栽植后第1次浇水要浇透，平时根据土壤干湿程度和植株表现适时浇水。浇水时间一般在上上午10点钟以前，下午4点钟以后，或傍晚，水质以天然雨水、池塘水为宜，不要使用深井内的硬水或海水、盐碱水。浇水要适当，不能过度，浇水要透深入土下，但是也不能过湿，过高湿度会致使花卉根部腐烂，浇水力量不能冲击土面。

（2）中耕施肥

平时使用追肥，避免污染花、叶，施肥后要及时浇水。球根花卉，不能使用没有腐熟的有机肥，以防止腐烂球根。

（3）保持美观

早春时进行中耕、施肥、补栽，种植一二年生花卉。对于自然衍生花卉进行间苗、定苗。平时还要注意除去杂草，剪去残花败叶，保持植株的群体美。在生长季节注意中耕除草、除虫、施肥、浇水。对于倒伏的花卉，要随时支撑。还要随时注意清除枯枝落叶，保持花境的整齐美观。特别是木本花卉，要随时进行整形修剪，保持一定的高度。

（4）安全越冬

不宜过冬的花卉，秋后还要将其挖出，放到室内过冬，或培土过冬。晚秋可以将落叶和腐熟堆土覆盖地面以便防寒。

第五章
花台
景观设计

花台面积较小，以砖或石砌出边框种植床，高度40~100cm，其中填入营养土，种植花卉植物所形成的景观称为花台景观。花台是中国传统的观赏花卉景观的形式，它主要表现花卉植物的形态、色彩、芳香以及花台造型等综合美。常布置在庭园、道路、广场或草坪旁，适合人们近距离观赏。本章在了解花台景观的类型及应用的基础上，重点叙述花台景观设计和施工、养护管理的方法。另外，还选编了一部分花台景观实景以供爱好者参考。

一 花台景观的类型

花台景观的造型各异，类型也很多，依据花台设计的类型不同可以分为：规则式花台和自然式花台；依据花台组合的类型不同，可分为独立花台、组合花台、对立花台等。

1. 规则式花台景观

花台景观的种植台座外形轮廓为规则几何形体，如立方体形、鼓形、圆柱形、棱柱形以及具有几何线条的物体形状等。规则式花台景观可以设计为单个花台景观，也可以由多个台座组合设计成组合花台。规则形花台台座一般比花坛植床造型要丰富华丽一些，以提高观赏效果。

2. 自然式花台景观

花台台座外形轮廓为不规则的自然形状，多采用自然山石叠砌而成。我国古典庭园中花台绝大多数为自然形花台。台座材料有湖石、黄石、宣石、英石等，常与假山、墙脚、自然式水池等相结合或单独设置于庭园中。自然形花台设计时可自由灵活，高低错落，变化有致，易与环境中的自然风景协调统一。适宜设置在庭园、绿地等处，方便人们近距离欣赏。

3. 独立式花台景观

独立式花台景观的种植台座外形轮廓为规则几何形体，或多变的形体，单独地布置在某一空间形成景观。可用块石干砌，显得自然、粗犷或典雅、大方，以满足特殊造型与结构要求。独立式花台的台座一般比花坛植床造型要丰富华丽，以提高观赏效果，但也不应设计得过于艳丽，不能喧宾夺主，偏离花卉造景设计的主题。

4. 组合式花台景观

组合式花台是由多个台座组合设计成组合花台。组合花台可以是平面组合（各台座在同一地面上），也可以是立体组合（各台座位于不同高度、高低错落）。立体组合花台设计既要注意局部造型的变化，又要考虑花台整体造型的均衡和稳定。组合花台还可与座椅、座凳、雕塑、构筑物等相互搭配，形成多功能的小品景观。组合花台台座有时需用钢筋混凝土现浇，以满足特殊造型与结构要求。

5. 对称式花台景观

对称式花台景观的种植台座多为整形的几何形体，对称地布置在大门、道路、某一景观的两侧，成为对景，具有相对的观赏效果（图5-1~图5-5）。

图5-1　水池中的规则式几何形体的花台景观，其中木本花卉为主，还有矮小的杜鹃花烘托，水池还有睡莲开花，红鱼自由舞动，情趣横生

图5-2　外形轮廓为太湖石台座的自然式花台，自然造型，高低错落，变化有致，与环境中的自然风景协调统一，方便人们近距离欣赏

图 5-3　单独地布置在庭园的花台景观，台座外形轮廓为规则几何形体，其中种植乔木及花灌木形成朴实、和谐的景观

图 5-4　由多个台座组合的花台景观，花台种植床高低错落，整体造型的均衡和稳定，与建筑大环境色彩相协调。各种花灌木色彩建筑色彩形成对比，景观自然朴实

图 5-5　几何形体对称式花台景观，对称地布置在大门、道路的两侧，形成对景，具有相对的观赏效果

1. 用于古典庭园

自然式花台景观，具有高低错落的台座、不同色彩的花灌木组合等特点，景观中虽然花卉的配置粗放，花期也不要求一致，但是在同一季节中花卉的色彩、姿态体型、数量比较协调，一年四季花卉植物都有色彩的变化，适合用于古典庭园一角。

2. 用于开放空间

规则式花台景观，是常见的花台景观造型，有方形、圆柱形、鼓形等，也可以是多种组合，一般适宜摆放在公园绿地、街道、广场、草坪等开放空间，庭园、建筑物前、建筑墙基等处。自然形花台常用于我国古典庭园中，台内种植草本花卉和小巧玲珑、形态别致的木本植物。适合公园、绿地等不同环境使用，丰富城市景观效果。

3. 用于建筑墙基

花台景观用于建筑墙基，花台基座与建筑墙面色彩协调一致，其中的花卉色彩与建筑墙面色彩形成对比，自然生动的花卉植物又打破建筑生硬的线条，显得造型自然柔和（图5-6~图5-10）。

图5-6　用于休息广场上花台，赭色花台基座又与座凳相结合，显得造型浑厚、稳重，有利于人们坐息

图5-7 道路旁花台，花台灰色基座又与座凳相结合，显得造型自然形成一体，有利于行人坐息

图5-8 建筑墙基花台，花台灰色基座又与建筑墙面色彩相协调，显得造型自然柔和

图5-9 建筑门前的自然山石叠砌而成的自然式花台，与景天植物搭配，显得自然朴实，与白色的建筑墙面形成明显对比

图5-10 自然式花台景观，高低错落的花灌木、灰白色的太湖石基座又与建筑显得造型自然形成一体，一年四季花卉都有花开和色彩的变化

三 花台景观的设计方法

1. 构图特点

（1）内容丰富，富有诗情画意

花台景观是花灌木或草本花卉栽植使用的景观，立体应用是花台景观的一大特色。花台景观有规则式，也有自然式。规则形花台布置在道路旁，建筑墙基、围墙基的花台多设计长条形。可以设计为单个花台，也可以由多个台座组合设计成组合花台。自然式花台多采用自然山石叠砌而成，构图自由灵活，高低错落，变化有致，易与环境中的自然风景协调统一，花台内可种植草本花卉和小巧玲珑、形态别致的木本植物，还可适当点缀假山石，创造具有诗情画意的花台景观。

（2）台座多变，富有欣赏效果

花台的台座可以是平面组合，也可以是立体组合，或多功能组合。立体组合花台设计既注意局部造型的变化，又要考虑花台整体造型的均衡和稳定。台座可以与本体组合，也可以与座椅、座凳、雕塑等景观组合，或与相关的设施结合起来设计，创造多功能的花台景观。立体组合花台设计既要注意局部造型的变化，又要考虑花台整体造型的均衡和稳定。

2. 花台设计

（1）规则式花台设计

规则形花台可以设计为单个花台，也可以由多个台座组合设计成组合花台。组合花台可以是平面组合（各台座在同一地面上），也可以是立体组合（各台座位于不同高度、高低错落）。立体组合花台设计既要注意局部造型的变化，又要考虑花台整体造型的均衡和稳定。

花台的造型直接影响整体观赏效果，规则造型的花台有：立体形、长方体以及各种组合。其造型简洁明快，现代感强，规则形花台台座一般比花坛种植床造型要丰富华丽一些，以提高观赏效果，但也不应设计得过于艳丽，不能喧宾夺主，偏离花卉造景设计的主题。规则形花台还可与座椅、座凳、雕塑等景观、设施结合起来设计，创造多功能的园林景观。

规则形花台台座一般用砖砌成一定几何形体，然后用水泥砂浆粉刷，也可用磨石子、马赛克、大理石、花岗岩、翻面砖等进行装饰。还可用块石干砌，显得自然、粗犷或典雅、大方。立体组合花台台座有时需用钢筋混凝土现浇，以满足特殊造型与结构要求。

（2）自然式花台设计

自然式花台设计是根据功能的需要，结合当地的历史文化内涵，因地制宜地进行设计。花台台座外形轮廓为不规则的自然形状，多采用自然山石叠砌而成。其造型讲究自然流畅，高低起伏，适当点缀山石结合座凳功能，方便各类人群休息的需要。其中配置假山石，如石笋石、斧劈石、钟乳石等，创造具有诗情画意的自然景观。

3．花卉配置

（1）规则式花台的花卉搭配

由于花台所处的位置不同，会产生不同的观赏方向，例如单面观、双面观和多面观等。单面观赏的花台，一般设置在只能一侧观看的庭园、绿地、建筑墙体前，只需看到花卉造型的一个方向，所以花卉造型配置应以主视面为主；多面观赏的花台，一般设置在广场、人行道、多角度观看的空间，观赏人可从各个角度欣赏。主体花卉宜布置在中心，较矮的花卉应布置在外围或边缘。

（2）自然式花台的花卉搭配

自然式花台花卉植物的搭配比较自由灵活，但是整体造型要高低错落，变化有致，与环境中的自然风景协调统一。种植的草本花卉要求小巧玲珑，木本花卉要求形态别致，不同高度的花卉组合色彩多变。自然式花台艺术造型多变，花卉品种适宜多样，可根据植物不同色泽、质感，组成高低错落的形式，也可根据个人喜好进行设计，构架均衡，造型优美即可（图5-11～图5-13）。

4．色彩搭配

（1）花台色彩搭配

花台是花卉的载体，其色彩搭配要结合花卉颜色、造型、环境气氛等因素来考虑。花台景观中，一般花台的体量比较大，所以其色彩也决定了整体的色彩好坏。建造花台的材质各有不同，表现的色彩也不相同，如石、砖等，不需过多粉饰，基本体现了材质自身的色彩。选用自然山石或砖本色的花台，就可以和近似的石或

图5-11　简单朴素的规则式花台，对称布置在浮雕景观的两侧，起到了陪衬作用，突出了整体

图5-12　大厅中的组合式花台与座椅等景观组合一起来设计，创造多功能的花台庭园景观，其花台台座用大理石进行装饰，又与褐色木质座椅搭配，造型丰富华丽，提高观赏效果和使用功能

图5-13　规则形花台布置在道路旁规则形花台，考虑花台整体造型对称布置，并与雕塑、喷泉相互搭配，局部造型的变化丰富，显得生动活泼

砖环境色彩取得协调，也容易和鲜艳的粉色花卉形成对比。花台是花卉的载体，同时花卉植物多为绿色，花台避免使用这些颜色的纯色调，如大红、亮黄、草绿等。花台的外观色泽，要与建筑物等环境色彩相协调，花台选用浑厚稳重感的陶红色、古铜色，来衬托亮丽的白色、粉色、淡色花卉，都是花卉很好的配色。

（2）花卉色彩搭配

花卉植株是生长在花台种植床上的有生命的景观，其花色彩的搭配有花卉之间的色彩搭配，还有花卉色彩与花台的色彩搭配；花卉色彩与环境色彩的搭配等。如果花卉、花台、环境三者都采用近似色或同色系搭配，色彩容易协调，给人宁静、安详感，例如采用深粉和浅粉、黄色和橙色等近似色搭配都可以达到一种精致效果。互补色搭配花卉可引起强烈的对比效果，例如蓝和橙、紫和黄等互补色搭配，使每种颜色都纯净耀眼，易于吸引人们的视线；在强烈的对比色中，如果再使用白色、银色等过渡色的搭配，在对比强烈的色彩中就会起到理想的过渡作用和柔化作用，在同色调中可打破单调感，阴地环境中可增加亮度。

不同环境和不同的时间，花卉色彩搭配也应不同，例如可选用白色、粉红色色、淡褐色花卉与深色建筑物的墙面色彩形成对比，突显花卉的色彩艳丽；再如公共场所、节日期间的花卉色彩采用粉红、橙红、黄色等暖色调，以烘托欢快、活跃气氛，或在其中可使用时令鲜花或艳丽的木本花卉来增加色彩，与各种不同植物相互搭配形成各种不同风格，让绿化的环境表现更加丰富多彩。安静休闲区域的花卉色彩则可选用冷色调，多用常绿灌木来营造宁静祥和的氛围。

5. 花卉选用

（1）自然式花台

自然式花台常选用沿阶草、兰花、玉簪、麦冬、石蒜、宣草、菊花、松、竹、梅花、牡丹、芍药、南天竹、月季、玫瑰、丁香、迎春花、山茶花等。另外还可适当配置点缀一些假山石，如石笋石、斧劈石、钟乳石等，创造具有诗情画意的景观。

（2）规则式花台

规则式花台除选用时令性草本花卉鸡冠花、万寿菊、一串红、郁金香、水仙花等，还可选用小型花灌木，如微型月季花、杜鹃花。

为了取得周年景观效果，还可以采用常绿观叶植物，如麦冬类、铺地柏、南天竹、五针松、竹子、金叶女贞等（图5-14~图5-19）。

图5-14　与建筑物的正面色彩相协调，褐色花台的外观，与建筑物环境色彩相协调，衬托亮丽的蓝色的蝴蝶兰及黄绿色的叶对比鲜明

图 5-15 白色的花台衬托深绿色的花卉植物,给人喜悦、洁净之感

图 5-16 灰色的花台景观,衬托了紫色花卉,与环境色彩相互协调

图 5-17 选用灰色、白色大理石作为花台,衬托亮丽的黄色花卉

图5-18 选用浑厚稳重感的陶红色来衬托亮丽的粉色杜鹃花，很好的配色

图5-19 安静休闲区域的花台景观选用冷色调的蓝色为主色，组合木本花卉，还用灰色的台体来营造宁静祥和的氛围

（四）花台景观精品选（图5-20~图5-45）

图5-20 儿童乐园中的花台流线型的台座造型，色彩对比中又非常协调

图 5-21 园林建筑旁的自然黄石花台，花、草、景观树配置和谐自然

图 5-22 室内大厅组合花台景观

图 5-23 广场中的组合花台景观

图 5-24　室内大厅水景组合花台景观

图 5-25　圆形花台景观

图 5-26　建筑门前的花台景观

图 5-27 因地制宜、高
低错落组合花台景 –1

图 5-28 因地制宜、高
低错落的花台景观 –2

图 5-29 分车绿岛的自
然花台景观

图5-30 道路旁的组合花台景观

图5-31 广场中的雕塑花台景观

图5-32 立体花坛与花台组合景观

图 5-33　乔木、花台、座凳组合花台景观

图 5-34　台阶旁的花台景观

图 5-35　水景、花台组合景观

图5-36 古典园林中自然式花台景观

图5-37 开敞空间的木质花台，方便游人坐息、赏景

图5-38 树木、座凳、花坛组合景观

图5-39 室内大厅花台景观

图 5-40　大型建筑门前
组合花台景观

图 5-41　采用自然石叠
砌而成花台，台内种植竹
子、花灌木、草本花卉形
态别致，在白粉墙前显得
亲切、活泼

图 5-42　建筑前花台景
观

图5-43 象征商业广告的雕塑花台景观

图5-44 小型活动休息广场建筑墙基组合花台景观

图5-45 台阶旁小型雕塑组合花台景观

五 花台景观施工与养护管理

1. 花台景观施工

（1）花台建造

① 材料　建造花台的材质各有不同，表现的色彩也不相同，如石、砖等，不需过多粉饰，就可以体现出材质自身的色彩，和近似环境的砖、石色彩取得协调，也容易和鲜艳的花卉色形成对比。

② 建造　花台都是立体组合，或多功能组合，其建造既要注意基础的稳定、局部造型的变化，又要考虑花台整体造型的均衡和稳定。特别是组合花台可以与本体组合，也可以与座椅、坐凳、雕塑等景观组合，所以打好基础、做好花台的边框口是关键。

③ 装饰　花台表面装饰避免使用纯色调的颜色，如大红、亮黄、草绿等。选用浑厚稳重感的陶红色、古铜色，用它来衬托亮丽的白色、粉色、淡色花卉比较适宜。花台是花卉的载体，可以装饰各种建筑材料，以展示材料本身的质感和色彩，其表面的色彩搭配要结合花卉颜色、造型、环境气氛等因素来考虑。

（2）花卉种植

① 整地　花台施工前首先要整地深度在20～25cm，整地过程中将土壤中的石块、树根和杂草等除去。花台施工时首先在地面上覆盖一层基肥，一般可选择腐殖土。

② 种植　主题花卉依木本为主，栽植时为了有效地减少其体内水分的蒸发，切记不可选择在烈日下进行栽种。种植的步骤应根据花卉植物的最佳观赏面来决定，例如单面观赏的花台，花卉最好的观赏面放在正面；四周观赏的花台，最佳木本花卉植物种植在中间部位，四周种植比较低矮的花卉或者种植草坪。

2. 花台景观的养护管理

花卉植物栽植后，第1次浇水要浇透，平时根据土壤干湿程度和植株表现适时浇水。浇水时间一般在早上或傍晚，水质以天然雨水、池塘水为宜，不要使用深井内的硬水或海水、盐碱水。平时还要注意除去杂草，剪去残花败叶，保持植株的整齐美观，维护花台台面的清洁美观。

第六章
花箱
景观设计

花箱景观是花卉的立体应用，它是在较大的花箱容器内，种植花卉植物所形成的景观。它由花箱容器和花卉两大要素组成，是欣赏芬芳艳丽的花卉和容器艺术的综合体，也是一种用于栽培花卉的容器景观。它具有占地面积小、使用灵活、高效环保、应用广泛等特点。它可以自由移动组合造型，所以它打破了土地利用的局限性，在节假日或各种庆典活动中应用非常方便，是人们生活环境中不可缺少的装饰物。本章主要叙述花箱景观的设计和制作管理。

一 花箱景观的类型

花箱景观的形状各异，种类很多，根据花箱形式及组合的不同，可分为单体式花箱景观、组合式花箱景观等；根据花箱容器造型的不同可分为：花箱式景观、花槽式景观、花钵式景观、花船式景观等。

1. 单体式花箱景观

单体式花箱景观，是由规则式花箱与花卉植物的组合景观，是由单个几何形花卉容器与花卉组合而创造的花卉景观。例如花箱式景观、花槽式景观、花钵式景观、花船式景观。

2. 组合式花箱景观

组合式花箱景观，是由多个富有变化的花卉容器与花卉植物艺术的组合，形成一个统一的景观整体（图6-1～图6-5）。

图6-1 单体式花箱景观，黑色木质容器与灰色的地面比较协调，配有多种绿色的花卉植物，显得朴实、自然

图6-2　褐色花槽与草本花卉创造的花槽景观，与灰色的地面相协调，并显厚重，与红黄色花卉对比鲜明

图6-3　白色的花钵与粉红色草本花卉创造的花槽景观，与灰色的环境地面色彩对比鲜明

图6-4　由白色的船形容器与粉红色草本花卉创造的花卉景观，海蓝色条纹白色的船体，在花的海洋里航行，显得静中有动，非常活泼

图6-5 由多个红色花箱景观高低错落相互组合，与绿色草坪形成明显对比，并配有白色小围栏加以调和，创造了引人注目的组合式花箱景观

二 花箱景观的应用

花箱景观可根据不同季节创造出不同的景观，起到高效、节能、省事、省时、方便快捷，避免重复建设的作用，调整及搬运便捷，它可以依照配置区域的不同，随意调整花箱景观的大小、形状、颜色，使其景观形象与四周的环境景观融为一体，因此被称作"可移动的花园"。花箱不仅体量小巧，而且造型多变，能快速组合成景，被广泛、机动、灵活地应用于各地城市的广场上、道路旁、游乐园、公园、美食街、社区、窗前、室内、阳台、屋顶等处。

1. 用于道路两旁

在道路、桥体两旁等处摆放花箱景观，可以暂时代替行道树的树坛，体现道路整体规整的效果。在道路两侧创造绿化美化隔离带或在高架桥两侧呈线性间隔布置，形成造型简洁、大方、整体美化的效果。它的利用对于改善城市生态环境、开发城市绿化形式的多样化、解决场地的硬化以及栽植条件差等问题都起到重要的作用。花箱景观还可以和花坛、花境、花带等其他花卉布置形式结合使用，形成高低起伏错落有致的花卉景观，成为花境中的骨架结构，形成人们视线的焦点。较宽的道路两侧的花箱景观，由于车速较快，需较远距离观赏，花卉宜选用同一色彩品种，以体现整齐感，多用扁平状和悬垂状花卉，主要以简洁大方的容器布置道路两侧，在满足提高花卉装饰亮点的前提下，增加线性造景及层次造景，营造出有收有放、绚丽多姿、树影成荫、花卉热烈祥和的幽雅氛围。例如交通隔离作用的花箱景观，成排摆放在道路中间，或自行车与机动车分界处，与道路绿化或亮化相结合。遮挡视线，如街道某处景观不好，需要遮挡，以展现更好的一面。遮挡阳光照射，在我国夏天比较火热的地区，采用树枝茂密、树叶肥大等遮阳效果好的树种，多布置在人行道两侧。防止行人穿过、调节通风、防尘、遮挡视线、日照等，如建筑用地周围或道路绿化带、分隔带两侧作局部的间隔与装饰之用。

2．用于公园绿地

适合公园、绿地、花卉展示等环境使用。在公园、广场、园林绿地等开放空间，常使用花箱景观。为保证交通、视线、采光等不受影响，可用整齐高大的花箱对称摆设；也可用色彩艳丽的花草花箱景观，成排成列对称布置，形成临时花坛、花带等大面积临时景观。自然组合的花箱景观，可两三个一组，高低错落，造型丰富，形成装饰性美化景观效果。也可与其他硬质景观结合，例如与灯杆、坐椅、垃圾筒、栏杆等多种硬质景观小品类结合使用，充分利用各种空间层次，节约空间的同时也增加其艺术装饰性，最大化增加景观效果。与绿地景观相结合时，要充分利用绿地景观效果，并与绿地景观意境相结合，增加绿地景观色彩和视觉效果。大量的容器花卉巧妙组合，在绿地中也可形成容器花园，不仅造型新颖多变，而且景观效果显著。特别适合街头绿地或商业街及中心广场地布置，可大大丰富城市绿地景观。其形象不仅有一定趣味，也反映一定的文化气息，丰富城市景观效果。

3．用于美食街景

花箱景观常在美食街、建筑基础、墙体、水景等环境中使用。其布置与店家在摆放位置上达成共识，既不影响其店门前的空间，又能对其店门起到装饰作用，对整条街起到美化作用，达到双赢的效果。选用与建筑相似材质的花箱为载体，与建筑群有机结合，达到相得益彰的效果，非常适应目前现代化城市快速发展的要求。

4．美化建筑环境

布置在建筑门前、庭园、屋顶的花箱景观，不仅装饰了门面、美化了环境，还净化了空气。以美化建筑环境为主的花箱景观，则要选择具有较高观赏价值的攀援植物，并注意与环境绿地、建筑设施的色彩、风格、高低等配合协调，以取得较好的景观效果。特别是在建筑的阳台、墙垣、花架、亭廊等处，均可布置花箱景观。但是，花箱材质和造型应与建筑相融合，还要通过各类花卉材料的搭配等，更好地突显与环境相融合，给人以精致典雅的舒适感觉。宾馆室内外小环境中，可以单独使用简单的花箱景观，人们可以近距离欣赏温馨的花卉。在绿地和建筑空间，点缀花箱景观，配合小型人工山水景环境，即可形成趣味性景观效果（图6-6～图6-13）。

图6-6　在道路两旁等距布置同等规格同等颜色的花箱景观，体现道路整体的规整，造型简洁大方，相同或相似，形成整体美化景观效果

图6-7 用在公园园林绿地等开放空间花钵景观，色彩艳丽的花草引人注目

图6-8 花箱景观成排用于建筑密度高的商业广场上，起到见缝点景的作用及引导和可缓解矛盾的作用

图6-9 花箱景观对美食街起到装饰作用，对整条街起到美化作用，其色彩与建筑色彩相互协调，取得相得益彰的效果

第六章 花箱景观设计

121

图6-10 成排的花箱景观布置室内，起到分割空间及绿化、美化环境的作用

图6-11 成排的花箱景观布置庭园门前，装饰了门面，美化了环境，净化了空气

图6-12 用于窗台的花箱景观，沟通了室内外景色，起到了绿化、美化作用

图6-13 用于某宾馆大厅空间花箱景观，配合了水景环境，形成了趣味性美景效果

三 花箱景观的设计方法

1. 花箱景观构图特点

（1）构图小巧，功能灵活

花箱景观设计首先要明确花箱摆放目的，然后才能做出正确的主题立意，确定设计风格形式和创意，体现简约、时尚的城市文化。创造体型小巧花箱景观，达到机动灵活的摆放目的。交通隔离作用，摆放在道路中间或自行车与机动车分界处，产品与绿化或亮化相结合。

（2）协调环境，效果突显

花箱景观最重要的作用之一，就是美化环境。所以花箱的造型构图、颜色以及花卉的品种及色彩配置都要具有美化装饰作用。其布置既要融于环境又要突显景观的艺术效果。花箱景观的设计构图应与周围的地形、地势、建筑相协调，要充分了解场所周围的建筑、道路、植物等的大小、色彩、风格等，并要结合节庆等环境特点，达到理想的意境要求。根据环境的需要，选取合适的花卉植物材料。根据环境的特点，考虑色彩和立体造型艺术相结合。例如烘托重大庆典活动而营造喜庆、隆重气氛；美化建筑物基础部分；突出强调环境重要性；遮挡不佳视线、增加视觉美感等。特别是道路节点位置的花箱景观，它是视觉焦点，主要为标识功能，重点是交通导向，它要考虑车辆快速通过时的整体效果，也要给人们停留时欣赏细部景观，还要与周围环境景观相互协调。机动灵活地利用各种景观元素，按照一定的尺度、比例色彩、质地、线形、形态、韵律、节奏等基本法则，进行空间构图和细部设计，突显花箱景观的效果。

2．花箱造型设计

（1）单体式花箱设计

花箱景观经常作为城市小雕塑来布置欣赏，花箱的造型和纹饰直接影响整体观赏效果。要求结构合理、施工便捷，规则造型的花箱常设计立体形、圆柱形、高脚杯形等。

（2）组合式花箱的设计

是以某物品的外形为蓝本，把一些艺术元素加以提炼，并结合当地的历史文化内涵进行造型设计。如模拟手推车、围棋子、鼓、瓜果等。在花箱景观中，也可和花架结合，创造廊式花架，花箱实木，花箱片版嵌固于单向或双向梁柱之上，两边或一面悬挑，形体轻盈（图6-14～图6-16）。

图6-14　灰色的圆鼓形造型简洁明快，具有现代感强，突出花卉的效果，适合城市公共空间使用

图6-15　白色多面体形花箱，其造型简洁明快，现代感强，可突出花卉的效果，适合城市公共空间使用

图6-16　深蓝色的花体与钢圈艺术组合，搭配上粉红色的花卉，造型简洁明快，具有现代感，突显花卉景观的效果，适合城市公共空间使用

3．花卉的配置

（1）花卉品种的搭配

花卉品种的搭配是花箱景观的重要环节，主要是通过植物特有的色泽、质感、层次变化及线条美感来创造美好景致。花箱景观是一件活的艺术品，花卉品种材料的选择，株型、株高的配置，色彩的搭配都是花卉配置的关键。由于花箱的体量有限，花卉品种不能太多，色彩不宜太杂，以一二种为宜。如果花箱景观靠近建筑时，花箱内花卉可选择二三种花卉配合使用；如果是组合式花箱景观，花卉品种可以适当丰富，但也不宜过多。花箱所选用的花卉品种应与环境的色彩、光线的强弱、陈设布局等相适宜，合理地对花箱载体进行搭配，将花卉的装饰功能从平面延伸到空间，从而创造出较好的立体的装饰效果。如在花箱中使用时令鲜花或艳丽的木本花卉来增加色彩，配置新品种、地被都能增加亮点，与各种不同植物相互搭配形成各种不同景观风格，让绿化的表现形式更加丰富多彩。在灰色、白色墙面前，选用红艳的植物就较为理想。

（2）花卉造型的配置

花箱是花卉的载体，花卉造型配置应从主题含义、周围环境、造型艺术、材料、色彩、体量等方面入手。植物材料，常选择 一二年生花卉、宿根花卉、球根花卉、观叶类花卉及特色花灌木类等。根据植物不同体型、色泽、质感，组成高低错落的形式，也可根据个人喜好进行设计，构架均衡，造型优美即可。花卉植株体型多变，有圆锥状、球状、扁平状和悬垂状。根据花箱的不同和环境需要进行配置，可单独使用一种株型的花卉，也可使用几种株型配合使用。如用同一花色，不混有其他杂色花，可以突出单色调的主体。

如果使用多种花卉或花色配置时，根据整体的设计构思，要有焦点花、骨架花和填充花等组成。焦点花，多选用色彩艳丽、造型优美的花卉如假龙头、大花秋葵等，放在视觉的中心位置；骨架花，用来确定整个花箱景观的造型，如球形、三角形或圆锥形等，主要是配合焦点花使用，突出焦点花的同时，也达到丰富层次和质感的作用；填充花（草），则根据需要填补在有空隙处。如果花箱面积不大时，株型株高不宜相差太大；花箱面积大时，花卉配置可考虑不同株型之间高低错落。花箱外围可选用悬垂类，以遮挡泥土，同时也可以弱化花箱棱角及不美之处，使花卉和花箱更好地融为一体。

由于花箱景观摆放的目的和位置不同，产生了不同的观赏方向，例如单面观、双面观和多面观等。

单面型花箱，人只需看到造型的一个方向，做花卉造型时，以主视面为主，多摆放在只能一侧观看的庭园、绿地、建筑墙体前等处。如靠近建筑物时，可把较高植株配在后面，自后向前逐渐降低，以形成高低层次的变化。

多面型花箱，一般摆放在广场、人行道、多角度观看的庭园及绿地内等处，观赏人可从各个角度观看。最高者宜布置在中心，较矮者布置在外围或边缘。

对称型花箱，也是常见的造型，又可分为半圆球形、圆锥形等，在大型街道、广场大门两侧等处，或庄严宏伟的环境中多采用这种形式，花卉品种可以是一种，也可以是多种组合。

4．色彩搭配

（1）花箱色彩搭配

花箱的色彩搭配也要结合花卉的种类、色彩、造型和环境气氛等因素来考虑。不同材质花箱，表现的色彩也不相同。如木质、陶质、石质等，基本体现材质自身的色彩，不需过多粉饰。

在花箱景观中，花箱的体量较大，其色彩的搭配影响到整个花箱景观的色彩程度。花箱色彩应选用浑厚稳重感的色彩为宜，以利衬托鲜花的靓丽。例如在公共场所、节日期间使用的花箱颜色可为暖色调，以烘托欢快、活跃气氛；安静休闲区域的花箱则可选用冷色调，营造宁静祥和的氛围。花箱本身材质也可起到装饰成景的作用，如玻璃钢、陶质、木质、石质、橡胶、金属、塑料等各种材质的色彩要相互协调，与环境色彩要形成对比。没有任何图案纹理的花箱表面，也可以绘制图案以提高其艺术装饰性，图案可结合文化艺术内容，如在花箱边缘绘制中国传统的回形纹或在其表面做竹叶浮雕图案等。花箱的体量较大，其色彩的搭配影响到整个花箱景观的色彩程度。

（2）花卉色彩搭配

花卉的色彩很多，一般多近似色搭配，例如红、黄、粉、白、蓝等，同时植物多为绿色，在花箱中避免使用这些颜色的纯色调，例如大红、亮黄、草绿等。近似色或同色系搭配比较和谐，例如白色、粉色、淡色都是花卉很好的配色，不同粉红色之间搭配、不同淡黄色之间的搭配、黄色和橙色之间的搭配等都很协调，给人心情舒畅、宁静、安详感觉。

如果需要创造强烈的对比效果，可以使用互补色搭配，例如蓝与橙色搭配、紫与黄搭配等都可，使每种颜色都纯净耀眼，易于吸引人们的眼球。如果感到对比过于强烈，也可以在其间加点白色花卉加以过度，可以在对比强烈的色彩中起到柔化作用。

5．花卉选用

花箱景观选用的花卉（图6-17~图6-24），以一二年生草本花卉为主，但是还必须考虑花卉的特性、花箱景观摆放的地域环境及光线的强弱。常用的各种类型的花卉品种如下。

①草本花卉　四季海棠、非洲凤仙、矮牵牛、彩叶草、鸡冠花、百日草、孔雀草、万寿菊、一串红、勋章菊、兰花、美女樱、福禄考、大花马齿苋、三色堇、角堇、夏堇、石竹、天竺葵、水仙花、康乃馨、仙客来、石蒜、萱草、菊花等。

②观叶类　常春藤、绿箩、蕨类植物、朱蕉、红枫等。

③木本植物　五针松、苏铁、三角梅、花叶榕、茉莉、晚香玉、倒挂金钟、海棠、迎春、茶花、牡丹、芍药、南天竹、月季、玫瑰、丁香等。

④上层有　花叶榕树、针葵、多头铁、椰子等。

⑤下层有　金叶苔草、常春藤、黄金菊、雪叶菊、卫矛等。

⑥垂吊蔓生植物　茑萝、牵牛花、葡萄、五叶地锦、吊兰、猕猴桃、蕨类植物、红薯藤等。

⑦花架盆栽摆放　月季、石榴、米兰、茉莉、天竺葵等。

⑧半阴环境　南天竹、君子兰、金银花、使君子、牵牛花、茑萝、五爪金龙等。

⑨建筑的南向可用　米兰、扶桑、月季、玫瑰、白兰花、金橘、仙人掌类及多肉植物等。

⑩建筑的东、西向　山茶花、杜鹃花、栀子花、含笑、文竹、万年青、多肉植物、仙人掌类、安石榴、茉莉、月季、桂花、米兰、含笑等。

⑪建筑的北向可用　米兰、四季桂、茉莉、文竹、佛手、金橘、天门冬、棕竹、鱼尾葵、悬崖菊等。

⑫要求湿润环境的花卉　茶花、白蝉、兰花等。

⑬突显彩化效果　多花蔷薇、三角花、云实、凌霄等。

图6-17 球根花卉郁金香为主的花箱景观，花卉和花箱更好地融为一体

图6-18 该花钵使用多种球状花卉配置，中心位置选用色彩艳丽的球形花，骨架花确定了整个花箱景观的造型，丰富了层次和质感，白色的填充花填补在空隙处，富有豪华、富贵的整体感

图6-19 节日期间，在公共场所，使用灰白色的花钵，搭配了暖色调的红色和黄色为主的鲜花，烘托欢快、活跃气氛

图6-20 浑厚稳重感的花箱色彩，衬托了靓丽的鲜花

图6-21 粉白、粉紫色等近似色花卉搭配，并点缀了几朵红花，花色之间的搭配比较协调，又显示了对比，给人心情舒畅、宁静、安详感觉

图6-22 蓝与橙色花卉搭配引起强烈的对比效果，但是环境色又显得比较协调

图6-23 花箱的外观色泽深褐色木材的本色，与建筑物的色泽相协调，很好地烘托了蓝白色花卉，体现了花箱景观整体的外在美

图6-24 花箱的外观色泽采用了华丽的粉色红与黄，使得箱体整体的外在美感与深绿色植物形成鲜明的对比

四 花箱景观精品案例选（图6-25~图6-55）

图6-25 道路旁的花箱景观均衡配置苏铁和一串红、矮牵牛等花卉，具有很好的分割和导航作用

图6-26 商业街的花箱景观既维护了游人的安全，又美化了街景

图6-27 建筑门前的花箱景观组合，美化了街景，也维护了游人出入的安全

图6-28 道路旁的花箱景观，是由一个褐色花箱容器与黄色草本花卉创造的花卉景观，与灰色路面形成对比，显得生动活泼

图6-29 建筑窗台的花箱景观，美化了街景，也净化了空气

图6-30 开放的室内空间，摆放在道路旁的花箱景观，均衡配置了耐阴的观叶植物，具有很好的分割和导航作用

图6-31 室内大厅空间的瓷质花箱景观，其中配置了耐阴的观叶植物，具有很好的观赏和净化作用

图6-32 庭园中组合式艺术花箱景观，红、蓝色彩的花卉在白粉墙的衬托下显得景观突出，吸引眼球

图6-33 大厅室内空间的瓷质花箱景观，其中配置了耐阴的观叶植物、草本花卉，具有很好的观赏价值和净化作用

图6-34 水面上石质的景观，配置了一串红、三色堇等时令花卉，并有水中花箱倒影，使得景色倍增，自然朴实地美化了环境，别有一番情趣

图6-35 硬质广场上的瓷质花箱景观和垂挂的花箱景观

图6-36 室内大厅空间的瓷质花箱景观，其中配置了耐阴的白色花卉，具有很好的观赏和净化作用

图6-37 停车场开放空间，摆放的花箱景观，均衡配置了抗污染观叶植物，具有很好的分割空间和导航作用

图6-38 建筑门前的花箱景观组合，配置了耐旱的观叶植物花卉，美化了街景，也维护了游人出入的安全

图6-39 室内大厅空间的陶瓷花箱景观，其中配置了耐阴的观叶植物，具有很好的观赏和净化作用

图6-40　休闲广场的船形花箱景观，是由一个木质花箱容器与各种花卉相互配合，显得生动活泼，深受群众欢迎

图6-41　建筑门前的瓷质花箱景观，配置了耐旱的观叶植物花卉，美化了街景，也维护了游人出入的安全

图6-42　商业街的花箱景观，其中配置了观叶植物，并与座凳相结合，既维护了游人的安全、方便临时休息，又美化了街景

图6-43 建筑墙基的花箱景观，其中布置了花灌木、各色花卉，美化了街景，也净化了空气

图6-44 建筑门前的花箱景观组合，白色花钵中配置了红色花卉，美化了街景，也维护了游人出入的安全

图6-45 风景区道路旁布置的花箱景观，各色花卉满满，迎接八方来客

图6-46 道路旁的花箱景观，均衡配置苏铁和花卉，具有很好的分割空间和导航作用

图6-47 广场雕塑旁对称布置了花钵式花箱景观，各色花卉满满，烘托了雕塑主景

图6-48 室内大厅空间的花箱景观，其中配置了耐阴的观叶植物，衬托了木化石主景，具有很好的观赏和净化作用

图 6-49　建筑旁的的花箱景观组合，配置了彩色观叶植物花卉，美化了建筑和街景

图 6-50　休息广场花箱景观，与拉绳的基础巧妙相结合，各色花卉满满，既有利于行人观赏，又解决了广场行人的安全问题

图 6-51　以吊挂的方式，创造立体的模块，展示了满满的花箱景观

图 6-52 道路旁的花箱景观，是由一个鼓形花箱容器与黄色草本花卉创造的花卉景观，显得生动活泼

图 6-53 公共建筑厕所前的花箱景观组合，配置了冷色花卉，美化了建筑环境，引人注目

图 6-54 建筑墙基的花钵式的花箱景观，红、黄花卉搭配非常协调

图6-55　盆景式的花箱景观，配有月季花和矮牵牛花卉，点缀小雕塑，左右对称均衡稳定

五 花箱景观制作与养护管理

花箱景观是花卉景观的立体应用，也是提供花灌木或草本花卉栽植使用的箱状景观，它是欣赏花卉与花箱综合美的景观。现代工艺水平不断提高，可用于花箱的材料也越来越多。例如玻璃钢、木质、塑料、陶瓷、石材、金属等。花箱的材料应具有耐腐蚀、耐湿、阻燃、隔热、不弯曲变形、寿命长及环保性能高等特性。选择优质的材料，还要考虑结构合理、施工便捷等。

1. 花箱制作

（1）材料选用

木质：是环保型材料，近年来越来越被重视并应用于多种领域。木质、竹质材料能更好地与花卉融合起来，体现自然风格，多在公园、庭园内或绿地使用，使用时需作防腐处理，注意维护管理。

塑木：为主要原料，此种材料为回收的塑料，加上木粉和其他辅助材料制作而成，此种材料所制作的花箱，不会腐烂，无虫蛀，更易加工，渐渐已成为主要的木材代替品。它既保持了实木板的亲和性感觉，又具有良好的防潮耐水、耐酸碱、抑真菌、抗静电、防虫蛀等性能。较普通木材密度高、强度高、易清洁、美观，使用寿命更是普通木制产品的10倍，且100%可回收再利用，充分体现环保理念。便捷、灵活、迅速成景、易于恢复、可反复使用等特点都符合现代城市发展的需求。

玻璃钢：微发泡新型材料，白铁、强化塑料木材等，外观和性能与天然木材极为相似，且优于木材、强度好、稳定性好、寿命长。也可根据要求采用扁铁等材质制作框架，再将框架进行焊接组装，保证框架的准确度，经过酸洗磷化后喷涂户外塑粉。其优点是可以根据需要塑造各种造型，并能仿造各种材质质感，摆放在所需环境中。同时重量相对较轻，不易变形，保质期较长，但价格相对较高。

石材类：多为体现厚重气势，适合摆放公园出入口两侧，可与石质建筑物有更好的搭配。因其体量重、搬运不便，也可用于不常搬运的环境中，如禁止机动车驶入的公园入口处。

陶瓷类：也是不错的材料，其渗水性较好，适合栽植植物。配置放在水边、庭园或绿地内，自然雅致。

金属类：轻盈坚硬，耐腐蚀，易造型，多作框架类用以悬挂花卉。工艺材料多种多样，还需设计人员不断挖掘更多可用材料，从色彩、质感、制作工艺等多方面推出新产品。

钢筋混凝土：钢筋混凝土为主要原料，添加其他轻骨材料凝合而成。具有色泽、纹理逼真，坚固耐用；免维护；防偷盗等优点，与自然生态环境搭配非常和谐。

（2）花箱制作

木质花箱，为了防腐，满刷桐油三遍，或保证本色的清漆古朴自然，精工细作，木方厚实，使用寿命长，易于维护，经久耐适用。采用优质樟木材质，或精挑细选确认材质，经过除虫、防蚁、防腐。搭配各种形式花箱，运用各类固定的搭配形式，可批量生产，使之产业化、商品化，易于广泛推广，室内室外均可适用，与盆栽植物搭配使用，弥补盆栽植物体量过小的缺点。箱体外形不可过大或小，过大时，花箱负荷太重，不稳固；过小，根系不易舒展，而且对外界环境变化的缓冲能力弱，影响植株的生长。常用尺寸1500mm×1500mm×1200mm；1000mm×1000mm×800mm；800mm×800mm×600mm等。花箱安置的重要问题是安全稳固性，因为箱体安装在露天，容易受自然气候，如大风、暴雨等的破坏；而且，常年受烈日、潮湿的侵袭，会产生锈蚀、腐烂、扭曲变形等现象。所以，一定要采取加固措施保证箱体的稳固性。组合构件的花箱，组装时，首先将花箱内框部分和木条部分使用螺丝进行固定，而后从框架底部放入木条进行封底，再装配垫脚，最后放入塑料薄膜覆盖箱子内部。木条需干燥处理、油漆处理，以保证木条的平整。

箱体排水：花箱、花槽、花盆都存在的排水问题。花箱多设置在室外，如果忽视了这一问题，在积涝情况下，会影响根系的正常呼吸，造成烂根及植株死亡；而且在暴雨天气，雨水还会冲走花箱中的基质，影响环境卫生。先在箱体底部铺上3cm厚的粗大基质，如卵石、废泡沫塑料、瓦片等，然后在上面再铺一层纱网，以隔开上面要添入的土壤基质。在箱体一侧最好打一个孔，孔口位置位于箱底往上2cm处，当水分过多时，可以从孔口排出，而土壤基质不会流失。

2. 花卉栽植

①具体栽植要认真按照施工设计要求进行。首先为花箱装入营养土，注意保留一寸左右的空间，保证下暴雨或浇水时，水不会漫出花箱外边。

②整理表土20～25cm深，除去石块、树根和杂草，覆盖一层腐殖土作基肥。将每一株花卉植物的根上，撒上原花卉生长处的土壤，保持潮湿。

③花箱景观，多为四周多方位观赏的景观，种植的步骤是应从中央开始栽植，逐步向四周种植，形成中央高、四周低的立体景观；如果是靠墙的单面观赏的景观，应从靠墙的一面开始先种，逐步向前栽植，使之前低后高，以利人们在前方观赏。

④如果是木本花卉和草本花卉混植的景观，就要先种植木本花卉，然后再种植草本花卉。如果是木本植物的景观，就要特别注意木本花卉的造型修剪。木本花卉种植时，深度比原植株深5 cm左右，分层填土，保持根系的舒展，如果种植带土球的花苗，一定除去土球的包装物。为了减少水分的蒸发，不要在烈日下进行栽种。

3．花箱景观养护管理

①花箱景观日常养护管理，要注意其透水性以及透气性，以保证花卉的成活和正常成长。

②栽植后要浇透第一次水，平时根据土壤干湿程度和植株表现适时浇水。浇水时间一般在早上或傍晚，水质以天然雨水、池塘水为宜，不要使用深井内的硬水或海水、盐碱水。

③平时还要注意保持外观的清洁整齐，注意除去杂草，剪除所有死去的花和叶及残花败叶，保持植株的群体美。

④选用一二年生的花卉栽在路边、水旁、广场和建筑物周围，作为季节性的装饰花卉使用；将多年生的花卉栽在远离道路、广场的地方。

第七章
切花景观

切花景观是室内绿化装饰的重要小品景观，本章在明确切花概念的基础上，简述插花类型和应用，重点讲述插花的设计和制作，并附有插花艺术精品选及其养护要点。

一 切花景观概述

切花景观，也称插花景观，它是用植物的花、叶、枝条、果枝等进行瓶插、盆插，或者制作花篮、花圈等。它具有制作方便、灵活、富有生气、技术高等特点。它以其绚丽多彩的色彩，给人以华丽、典雅、赏心悦目的感觉，它在各种环境里都可以创造出五彩缤纷、花团锦簇、香气宜人的景观；使环境轻松，气氛活跃，是人们的精神享受，有益于人们的身心健康。

中国的切花景观起源于佛前"供花"，唐代李延寿所撰《南史》中即记载："有献莲花供佛者，众僧以铜罂盛水，渍其茎，欲华不萎。"说明在隋唐以前的南朝时，插花便已被广泛应用于佛事活动中了。此后千百年来，无论庙宇、宫廷都插鲜花供奉。隋唐以后，插花才开始流行于皇宫贵族之家。宋代，插花风气更盛，民间和文人插花均十分普遍，还留下了许多有关插花的优美诗篇。如诗人杨万里有诗曰："路旁野店两三家，清晓无汤况有茶，道是徐浓不好了，青瓷瓶插紫薇花。"明代是中国插花发展的鼎盛时期，当时的插花不仅普及民间，而且已经达到相当高的水平。有关插花的专论专著也较多，如明朝的张谦德于1595年撰有《瓶花谱》一卷。

中国传统插花喜用素雅高洁的花材，利用不多的花枝，构图多为不对称均衡，讲究线条飘逸自然，通过宾主、虚实、刚柔、疏密的对比与配合，轻描淡写，清雅绝俗，以体现大自然中固有的和谐美，悉心追求诗情画意。而西方插花讲究花朵丰满、硕大、色彩鲜艳，多形成对称的几何形构图形式。

二 切花景观的类型

切花艺术按插花器皿和组合的方式不同可分为瓶式、盆式和花篮式等。

1. 瓶式插花

也叫瓶花，是比较古老的一种插花方式，剪取适时的花枝配上红果绿叶，插于花瓶布置室内。由于瓶身高，瓶口小，因此插时不需要剑山和花泥，只需将花枝投入即可。瓶式插花有直立型、前倾型、垂枝型、壁挂式插花等，多用于居室面积狭小的空间。

2．盆式插花

又称盆花，利用水盆进行插花，或利用浅水盆创作的一种艺术插花形式，利用其他类似于水盆的浅口器皿进行插花，由于容器较浅，需要借助花砧、泡沫、卵石等固定物才能完成作品，与瓶花相比，插花的难度较大，需先造型，然后再根据造型，安插花枝和配叶。

水石盆式切花：它利用盆景艺术的布局方法，使插花作品形似盆景艺术造型。这种插花是利用插花树枝制作而成。制作时可在水盆中放置些山石等作为背景和点缀。

树桩盆式切花：是将树桩盆栽植物和鲜花花枝艺术地组合在一起的插花。首先选好一盆小型树桩盆栽植物，再将鲜花或鲜果枝插入盆中，使它具有更好的切花景观特色。

3．花篮式插花

花篮式插花也叫花篮，是比较现代的一种插花方式，剪取适时的花枝配上红果绿叶，插于花篮内。由于花篮的造型各异，因此插时需要剑山，或花泥，只需将花枝投入即可。花篮式插花造型多种多样，有直立型、前倾型、垂枝型、壁挂式插花等，多用于喜庆、赠送或布置居室。

4．艺术插花

艺术插花是现代的一种插花方式，剪取适时的花枝，配上红果绿叶，插于各种不同的载体上，创造各种不同的艺术造型，适宜布置各种喜庆场所，或展示空间（图7-1～图7-4）。

（a）直立型　　　　　　　　　（b）前倾型-1　　　　　　　　　（c）前倾型-2

（d）垂枝型

图7-1　瓶式插花样式（直立型；前倾型；垂枝型）

图7-2　古色古香的瓶式插花样式

（a）直立型-1   （b）直立型-2

（c）盆景型-1   （d）盆景型-2

（e）盆式树桩插花

图7-3　盆式插花样式

图7-4　花篮式插花

三 插花景观的应用

插花具有一定的装饰作用，如过年过节或喜庆日子作为装饰品美化环境，把屋内外装饰点缀成一片节日的气氛，寄托美好的理想，振奋人们的精神。插花小品被广泛用于家庭室内、友情交际、国际交往、庆典、宴会、生活等活动中。

1. 会议插花

会议室是经常开会议事之处，经常会在圆桌的中央摆放插花，若布置一盆用红色和黄色组成的色彩浓艳、花朵繁密的插花，使得参会人员感到快乐、亲切。如果布置色彩淡雅及绿色插花，便会使得参会人员感到或严肃、或轻松、或自然。

2. 讲台插花

讲台，也是司令台，为了吸引听众的注意力，突出主持人或报告人的形象，在讲台上常摆放插花。

3. 客厅插花

客厅是接待宾客和家人团聚之处，这里的插花布置最好能体现环境气氛和谐、友爱、亲切、自然、幸福的气息，要有美好向上的生活情调。比如用文竹和蔷薇插成一件飘逸流畅的线条式插花，会使人感到轻松活泼。每当盛大节日和喜庆良辰，客厅还应洋溢着热烈欢快的喜庆气氛。若布置上一盆用色彩浓艳、花朵繁密的插花，会使节日气氛更加浓郁。

4. 卧室插花

卧室是休息场所，插花的数量不宜太多，色彩上也应根据年龄的不同而定。比如年轻夫妇的卧室，色调上可艳丽些。在淡雅的房间里，放置一盆暖色调的插花，会显得生活甜蜜、浪漫、温暖宜人。老年人的房间，要选择叶小、淡雅的花材，以宁静稳重为宜。

5．书房插花

书房是写作、学习的地方，插花作品应简洁明快。若在温馨素净的书房里，陈设一瓶潇洒飘逸的插花作品，必将使居室更加清新雅致，充满生机（图7-5～图7-10）。

图7-5　用于会议室或圆桌的中央摆放插花景观，布置上一盆黄花和白花组成的花朵繁密的插花，使得参会人员感到友好、快乐、亲切、轻松、自然

图7-6　用于讲台的插花景观，突出主持人或报告人的形象，吸引听众的注意力

图7-7　用于客厅，喜庆的室内插花，选用了鹤望兰、红掌、红色的扶郎花为主，体现了幸福热情的气氛、美好向上的生活情调

图7-8 用于年轻夫妇的卧室插花，在淡雅的房间里，色调上艳丽，放置一盆暖色调的插花，显得生活甜蜜、浪漫、温暖宜人

图7-9 用于老年人的房间的插花，选用了淡雅的百合及南天竹绿叶为主，搭配了淡紫和粉橙色小花，显得宁静稳重

图7-10　用于书房的插花，选用了水仙花为主，满天星作为搭配的插花作品，简洁明快，温馨素净，潇洒飘逸，使书房室内更加清新雅致，充满生机

四　切花景观的设计原则

1．主题要鲜明突出

插花景观设计要服从作者所要表达的主题和情趣出发。随着造型的需要进行变化，或者鲜艳华美，或者清淡素雅。插花使用的植物体形的高矮、大小都应搭配合理，最高者宜布置在中心，较矮者布置在外围或边缘；如靠近建筑物时，可把较高植株配在后面，自后向前逐渐降低，以形成高低层次的变化。

2．色彩对比与协调

色调是创造切花特色的关键，它有冷暖之分，突出暖色调是表现热情、喜悦；突出冷色调是为了表现文静、素雅、严肃。色彩的明度能体现体量的强和弱，明度越高膨胀感越强；明度越低收缩感越强；暖色具有膨胀感，冷色则有收缩感。在插花色彩设计中，可以利用色彩的这一特性，在造型较大的部分适当采用收缩色，造型较小的部分适当采用膨胀色，是插花的重要的手法。要求色彩所表现出的内容与个性突出，主次分明。切花小品景观设计要掌握色彩调和与对比。要求配合在一起的颜色，既要协调，又要有对比。例如蜡梅与象牙红两种花材合插，以红花为主，黄花为辅，与黄色都是暖色，整体显得比较协调，然而红色通过花枝向外辐射，远远望去红花如火如荼，黄花星光点点，表现得色彩协调，辉映成趣，又表现了对比。花卉的色彩主要由植物花色来体现，而植物的叶色，尤其是少量观叶植物的叶色也是不可忽视的。插花中青枝绿叶起着很重要的辅佐作用，枝叶有各种形态，又有各种色彩，如果运用得体，就能收到良好的效果。如选用展着绿叶的水杉枝，勾勒出插花造型的轮廓，再插入几枝粉红色的菖兰或深红色的月季，鲜花在绿枝的映衬下更显娇艳。再如将几支珊瑚树枝和几朵白色的马蹄莲花合插在一起，颜色并不华丽却显得素雅大方。

3. 造型要均衡稳定

插花景观组合整体的质量、体量不同，也可使人感到平衡。如果左右或上下对称，会使人感到稳定、庄重和理性。插花组合整体中，有意识地强调一个视线构图中心，再使其他部分与其取得对应关系，在总体上就会取得均衡感。还可以运用三角形构图原理进行创造均衡的插花景观。

插花景观设计还要掌握好体量与明度的关系，在花卉的色彩设计中可以利用不同花色来创造空间或景观效果。如将冷色花占优势的插花景观，就有加大花卉深度、增加宽度之感。所以在狭小的环境中，用冷色调组成花卉，有空间扩大感。

4. 选材要因地制宜

在明亮的环境里，适宜配插鲜艳的花朵；反之在较暗的环境里，宜配插浅色花卉；在沉静严肃的环境里，宜配插冷色调的花卉；娱乐活动的环境里，宜配插鲜艳的暖色花卉；在书房里，可选松、竹、梅等花材，创造自然野趣的造型；在居室里，则可用组合式插花或悬吊式插花；西式家具上，以图案式插花为佳；中国式家具上，以自然式插花为佳，这样容易取得与环境相调和的效果。插花的色彩要根据环境的色彩来配置，如在白底蓝纹的花瓶里，插入粉红色的二乔玉兰花，摆设在传统形式的红木家具上，古色古香，民族气氛浓郁。在环境色较深的情况下，插花色彩宜选择淡雅为宜；简洁明亮的环境里，插花色彩可以用浓郁鲜艳一些。

插花色彩还要根据当地季节变化来运用。春天里百花盛开，众芳争艳，到处是万紫千红的景色，此时插花时选择色彩鲜艳的材料，给人以轻松活泼、生机盎然的感受。夏天，插花的色彩要求清逸素淡、明净轻快，适当地选用一些冷色调的花，给人以清凉之感。到了秋天，满目红彤彤的果实，遍野金灿灿的稻谷，此时插花可选用红、黄色彩的花作主景，与黄金季节相吻合，给人留下丰收、兴旺的遐想。冬天的来临，伴随着寒风与冰霜，这时插花应该以暖色调为主，插上色彩浓郁的花卉，给人以抗风雪的感受（图7-11～图7-14）。

图7-11　插花景观具有非常明确的主题——金凤凰，虽然用了小百花构筑了金凤凰，但是它有一个金色的鸟巢，造型华美，清淡素雅

图7-12 采用冷色调的白色水仙花为主，又用了淡紫色和绿叶作为陪衬，具有明显的收缩感，表现了文静、素雅、严肃的意境

图7-13 该插花景观组合强调一个视线构图中心，整体的体量为基部大，上部小，使用了三角形构图原理，使人感到平衡、稳定、庄重和理性

图7-14 该插花景观采用了冷色调常绿树枝叶为主,又搭配了保温的黄色的草和白色的雪,创造了一幅冬天寒风与冰霜的景色

五 切花景观的制作

1. 插花的用具

插花的用具有刀、剪、插花座、插花泥、细金属网、陶瓷、玻璃块、软胶等。

2. 插花的容器

插花的容器多种多样,有花瓶、花盆、陶罐、瓷碗、玻璃瓶、竹筒、木罐、杯、碟、水盂等,日常盛水的用具也可使用。

3. 花材的选择

常用花材如下。

观花:杜鹃、粉色八仙花、毛地黄、秋水仙、月季、福禄考、迎春花、连翘、香石竹、牡丹、芍药、玉兰花、桃花、梅花、海棠、丁香、唐菖蒲、郁金香、大丽花、紫薇、凌霄、扶郎花、满天星、千日红、飞燕草、金鱼草、波斯菊、万寿菊、菊花、萱草、鹤望兰、石蒜、水仙。

观叶:蕨类、虎耳草、一叶兰、苏铁、鹅掌柴、绿萝、龟背竹、枇杷树、彩叶草、文竹、天门冬。

观果:枇杷、山楂、金橘、柑橘、南天竹、紫珠、火棘、五色椒等(图7-15)。

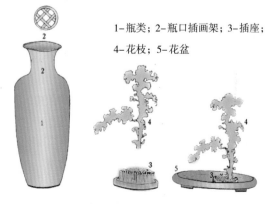

1-瓶类;2-瓶口插画架;3-插座;4-花枝;5-花盆

图7-15 插花用具

4．色彩的应用

（1）粉色

粉色有红粉色，由红色和白色配合而成；有蓝粉色由蓝色与白色调和而成；黄粉色是由黄色与白色调和而成等。淡粉色在人的眼里是柔和的，能产生宁静与和谐的气氛，粉色花卉的设计相对比较容易。在常绿背景前的粉色显得非常美丽，如肉色与黄粉色的搭配能产生意想不到的效果；橙色和粉色搭配令人赏心悦目。粉色与玲珑剔透的白花和银叶搭配极具浪漫色彩；蓝粉色与浅紫色和蓝色的完美组合也能表现出轻柔而优雅的组合。而它们的组合处在冷色调、白色、净蓝色和灰绿色的环卉之中，则有恰到好处之感。粉色的插花，适合布置在浅色建筑墙面前或绿地上，营建一种淡雅宁静的气氛。

（2）橙色

橙色是红色和黄色的组合，如杏黄色、橘黄色、琥珀色等。万寿菊为典型的橙色，在秋季柔和的光照下，各种深浅不同的橙色，无论是叶、浆果或花的色彩都显得那么鲜艳，如果再搭配蓝色花和紫色花，则色彩更加浓艳。橙色一般以绿色作陪衬。夏季如果要避免眼花缭乱，最好是大量配置阔叶植物，天蓝色和灰绿色也有同样的效果。青铜色和紫绿色叶是纯橙色的很好互补色，紫黑色叶对比太强烈。蓝灰色或蓝绿色叶可与橙色很好地配置。

在以橙色为主调的色彩设计中，点缀鲜红色和金色，会给人一种干旱与炎热的感觉。在有装饰物、雕塑的环卉中，赤褐色表现得很好，这时宜用砖红色作背景。在富有现代气息的设计中，用浅橙色和暗橙色与紫蓝色和蓝灰色叶搭配，突出深紫色和蓝色花。常用的橙色花卉材料有：金盏菊、万寿菊、旱金莲、百合、大丽花等。

（3）绿色

绿色是最普通的颜色，正因为如此，也最容易被忽视。植物的叶子变化多端，五彩缤纷。浓绿色是大多数花色，尤其是红色调花色的完美陪衬色。绿叶可略带橙色、粉色、红色或紫色，也可能呈明显的淡灰蓝色或蓝色。如果绿叶上开着白花，被有蜡质、微毛或绒毛时，颜色会生变化。叶片总体上所呈现的色调从灰绿渐渐过渡到银色，最后几乎呈白色。在有些绿色叶片上有白斑或黄斑，这属于叶色变异的另一大范围。实际上将叶色、叶形和叶片的质地变化一并考虑时，无需用花就很容易地设计出一色彩鲜艳、极富情趣的花卉。当鲜花盛开期已过、花儿不再娇艳时，绿叶尤显得重要。灰绿色、全黄色和具黄斑叶的草本植物和落叶灌木能产生光斑的效果。如增加一些白花植物，使景观显得淡雅而素朴。如金边虎尾兰、金叶侧柏、玉簪、马蹄莲等。

（4）红色

在日常生活中红色是警告的信号，预示着危险。亮红色花非常引人注目，尤其在绿色的陪下，更为醒目和热烈。因而，在安闲恬静的休息区，不宜全用红色。亮红色与浓绿色搭配仿佛使人置身于热带雨林之中。蓝——红色类与其他冷色调如深蓝、紫色、银色、白色或淡柠檬——黄色的搭配表现出十分传统的色彩。相反，暖色调的橙红色与纯蓝色、金黄色、净橙色、白色和灰绿色搭配产生新鲜、充满活力的现代设计效果。在深紫色叶和深紫色花的陪衬下，配置各种深浅不同的红色效果都非常好。另一方面，鲜红色与樱桃粉色的组合令人精神振奋。常用的红色花卉材料有：石竹、萱草、一串红、大丽花、郁金香等。

（5）白色

白色属冷色调。在鲜花丛中点缀数朵白色，花卉显得清新而富有生气，平衡并不受影响。在设计宁静的花卉景观时，要注意在完全光照下，白花由于自身的光亮而会令人迷离。在荫蔽处白色有着无可比拟的魅力，它使阴暗的花卉变得明亮起来，其作用妙不可言。在切花设计中，用白色布置晚间活动场所，或作引导配置都很雅致。白色寓意纯洁无瑕，但纯白色却很不常见。白色常微泛苹果绿、米黄或粉红的光泽。白色花在阳光充足的照射下，陪衬银灰色叶，更为娇艳夺目。在荫蔽处以浓绿、奶黄色或灰色为背景。花材如雪莲花、蜘蛛百合、瓜叶菊、蜡菊等。

（6）黄色

黄色既有冷色调又有暖色调的黄色。黄色可以和白色调配出各种米色，而这些柔和的颜色能减轻紫色和深蓝色的沉重感觉。黄色使人联想到日光，因此在阴暗处配置黄色，可活跃气氛，使人感到愉快。在黄色中点缀白色、灰绿色和鲜橙色，可谓是一组漂亮的组合。黄色和橙色的柑橘属植物和地中海植物搭配种植，使花卉显得热烈而欢快。用蓝色调的棚架作背景或在花丛中放置数盆浓亮蓝色的花，可达到意想不到的观赏效果。

全黄花卉的设计比较容易，因为一年中开黄花的植物很多。但是与大多数的颜色一样，黄色也有不足之处，在完全光照下，全黄花卉色彩太浓、给人以超重的感觉。可以用深蓝、鲜红、深绿色作补色，使色彩协调，给人清晰自然的感觉；或用红色、橙以和青铜色作补色，给人以热情和温暖。黄花的植物有：小苍兰、毛蕊毛、春黄菊、连翘等。

（7）蓝色

纯蓝色极为少见。而带紫色的比纯蓝色或天蓝色更为多见。蓝色和红色或白色一样是极为醒目的颜色。种植柔和的紫蓝色和烟灰色植物，使人想起那被蒙上薄雾的远山。作全蓝色种植设计比较困难，因为开蓝花的植物相对较少，花卉不能在一年中大部分时间保持蓝色。此外全蓝设计显得平淡无味，如果拓宽选择范围，增加柴油色花，突出白色、粉色、深红色、鲜红色和紫色，这样色彩更浓，又能让人感到凉爽和清静，效果更好。混植白斑、银色、灰色和紫叶植物，可引起人们的观叶情趣。纯蓝色与秋季的黄色、金色和红色相配令人惊奇，而一年中正是秋季有很多合适的植物可供挑选。在夏季可用一年生植物作亮蓝色和橙色或柠檬黄色的配置设计。蓝色花卉植物有：蓝花翠雀、蓝雪花、风铃草等。

（8）紫色

紫色有暖色调的紫红色和冷色调的蓝紫色。这些不同的颜色容易调和，与绿紫色或青铜色叶，进行搭配时恰到好处。深紫色花和深紫色叶与其他浓艳的颜色如鲜红色、深红色和深蓝色组合产生郁闷和激昂的动感情绪，极富戏剧性，在光斑下效果尤为显著。如果再增加银色和少量米黄色或白色，可以让色彩明亮起来，显得轻松、浪漫。用各种黑紫色花如郁金香、鸢尾、大丽花和堇菜与白色、银色、亮绿色的花和叶配置，给观赏者以惊奇感。亮紫色与净橙色花、柠檬黄和金黄色对比鲜明。淡紫色与银叶和灰色配置产生安闲恬静感，如再点缀更浓的紫红色，则显得生机蓬勃。以黄色为主调的插花，采用淡紫色花、绿色或青铜色可起到很好的陪衬作用。紫色浆果，是灌木和多年生草本在秋季成熟的特色，而这时金色叶和橙色叶植物可以起奇迹般的背景作用。春季和夏季用金色叶或黄斑叶灌木及多年生草本配置可产生简洁明了的效果。常用的紫色叶和紫色花植物有：紫鼠尾草、古铜茴香和薰衣草等。

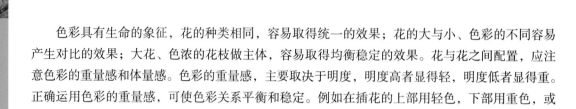

色彩具有生命的象征，花的种类相同，容易取得统一的效果；花的大与小、色彩的不同容易产生对比的效果；大花、色浓的花枝做主体，容易取得均衡稳定的效果。花与花之间配置，应注意色彩的重量感和体量感。色彩的重量感，主要取决于明度，明度高者显得轻，明度低者显得重。正确运用色彩的重量感，可使色彩关系平衡和稳定。例如在插花的上部用轻色，下部用重色，或者是体积小的花体用重色，体积大的花体用轻色。

5. 花色与容器的搭配

花卉与容器的色彩要求在协调的基础上创造对比，主要从如下两个方面进行配合。

（1）使用中性色调和

如使用黑、白、金、银、灰等中性色的插花器，对花卉色有调和作用。也可用金银丝装饰在花中，使花卉与器皿的对比中又有个性色加以调和。素色瓷瓶，配插淡雅的花卉；带釉或磨光的容器，可用色彩鲜艳的花卉，都可以达到调和的效果。运用调和色来处理花与器皿的关系，能使人产生轻松、舒适感。其方法是采用色相相同、而深浅不同的色彩来处理花卉与器皿的色彩关系，也可采用同类色和近似色处理。同类色如橘红与大红、绿与青绿色等。近似色有红与橙、橙与黄、黄与绿、绿与青等，近似色也有一定的对比性，容易表现出色彩的丰富性和形成色彩的节奏与韵律。

（2）使用对比色组合

对比配色有明度对比，即色彩明暗程度的对比，例如黑白对比。在黑色的花器之中，插入白色的花，一暗一明造成对比，就能起到色彩鲜明的效果。二是色相对比，花卉与器皿有色相差别而形成的对比叫色相对比。色相对比有强弱之分，主要有对比色相和互补色相的对比。对比色相比较鲜艳、强烈时，具有饱满、华丽、欢乐、活跃的特点，容易使人兴奋、激动。最强的色相对比，如红花与青绿色花器，黄花与青紫色花器等。冷暖对比也是花卉与器皿配色的主要方法，采用冷暖对比的色彩，效果会显得生动，如用湖蓝色水盆，插粉红色的荷花，这样冷色的盆与暖色的花形成了冷暖对比，更进一步烘托出花的妖媚。在一般情况下，插花器皿的颜色是深色的，花可插浅色的；器皿色彩是淡色的，花可插深色的，以便形成对比（图7-16~图7-26）。

图7-16 瓶式的垂挂的插花景观，以白色插花瓶器为基础，粉红色月季花为主体花团，并配插了下垂的绿叶和天堂鸟，显得彬彬有礼

图 7-17 冷色调为主的盆式插花景观

图 7-18 蓝紫色为主的盆式插花景观

图 7-19 绿色为主的盆式插花景观

图7-20 橙色为主的盆式插花景观

图7-21 紫色为主的盆式插花景观

图7-22 白色为主的盆
式插花景观

图7-23 粉色为主的插
花景观

图 7-24　艺术插花景观，在乳黄色的毛竹插花器中，使用了金黄色的蜡梅花和百合花为主体，还用金丝装饰，使花卉与器皿色在对比中更加柔和，表现了色彩的节奏与韵律，使人具有轻松、舒适感

图 7-25　盆式插花景观，在黑色的花器之中，插入白色的花，造成鲜明的强烈对比，具有饱满、华丽、欢乐、活跃的特点，使人兴奋、激动

图7-26 白色为主的盆式插花景观

六 插花景观精品选（图7-27～图7-49）

图7-27 餐桌插花景观，选用了多种时令鲜花，创造了花朵繁密的插花景观，摆放圆桌的中央，令会餐人员感到快乐、亲切

图7-28 书房插花景观，选用了鹤望兰和多种时令鲜花，创造了均衡稳定的插花景观，富有亲切感，并寄托希望

图7-29 客厅插花景观，选用了红、黄色彩的时令鲜花，造型均衡稳定，主景突出，花朵繁密的景观，使客人感到快乐、亲切

图7-30 艺术插花景观，在树桩插花器上，选用了多种时令鲜花，创造了花朵繁密的插花景观，适宜摆放艺术展示空间，创造活泼气氛

图7-31 餐桌盆式插花景观，选用了多种红、黄粉色时令鲜花，创造了花朵繁密的插花景观，就餐人员感到快乐、亲切，增长食欲

图7-32 书房插花景观，选用了粉色时令鲜花，创造了安静的环境，有利思路的开发

图7-33　客厅插花景观，选用了多种粉紫色时令鲜花，创造了欢乐的气氛，迎接贵客的到来

图7-34　老人客厅插花景观，选用了松和梅花枝为主体，并点缀了茶花，表达了人老心红的意境

图7-35　老人客厅插花景观，选用了淡色时令鲜花，创造了幽静的环境，使人感到亲切、安乐

图7-36 喜庆插花景观，选用了多种时令鲜花，创造了花朵繁密的插花景观，摆放圆桌的中央，使人感到热烈、快乐

图7-37 礼品花篮插花景观，选用了多种红色时令鲜花，创造了花朵繁密的插花景观，摆放在圆桌的中央，使人感到快乐

图7-38 花篮式插花景观，采用了鹤望兰、粉色百合花为主体花，以梅花枝为衬托，体现了满满春意和爱心

图7-39 花卉展示区艺术插花景观，选用毛竹筒自然插花器，配插了淡雅的兰花，创造了花朵繁密的插花景观

图7-40 花卉展示艺术插花景观，选用了多种时令鲜花和绿叶，创造了上下呼应的欢快景观

图7-41 艺术插花景观，选用了多种时令鲜花和果实，搭配了工艺品，创造了欢快的风车景观

图7-42 艺术插花景观，选用了多种时令鲜花和绿叶，创造了抽象凤凰造型，具有紫气东来的意境

图7-43 盆式插花景观，选用了多种冷色花卉和绿叶，创造了自然、清净的意境

图 7-44 艺术插花景
观，选用了多种时令鲜花
和绿叶，创造了无声的音
乐，使人欢快

图 7-45 艺术插花景
观，选用了多种时令鲜花
和果实，创造了欢快的艺
术景观

图 7-46 艺术插花景观，选用了时令冷色鲜花和绿叶，创造了令人心悦的插花艺术景观

图 7-47 花卉展示的艺术插花景观，选用了多种时令鲜花及果实，创造了丰收插花景观，令人感到丰收的喜悦

图7-48 展示区艺术插花景观，选用了多种时令鲜花和道具，创造了花朵繁密的插花景观，使人感到欢快

图7-49 餐桌盆式插花景观，选用了多种时令鲜花和蔬菜，创造了满载而归的插花景观，使人感到心悦

七 切花景观的保鲜和管理

1. 切花保鲜

切花保鲜剂，花卉市场都有供应，但是自己可以配制简单的切花保鲜剂如下。

① 蔷薇、石竹、丁香、水仙、唐菖蒲等，切花保鲜剂配方：是在1L冷开水中溶解砂糖50g、硼酸150mg。

② 菊花保鲜剂配方：是在1L冷水中溶解柠檬酸和维生素C各0.1g、糖50g。

2. 切花管理

为了延长插花的观赏期，首先应选择较长的粗壮新鲜花枝，进行剪裁，插花备用。

（1）不能把插好的切花景观摆在高温或通风的窗口处，以防止花体水分蒸发过快。

（2）不能使落叶落花掉入器皿的水中，以防止细菌感染腐烂。

（3）剪取插花花枝时，应将花枝埋在水中剪断，以防止花枝的导管断水。

（4）为了防止水中脏物阻塞花的导管而变质，可将花梗的剪口处用火烧焦，或在沸水中浸几十秒钟再插；每隔两天左右拔起花枝从下方剪除1~2cm再插，以保持剪口新鲜，正常吸收水分。

（5）在水液中可放入适量硫黄、硼酸、高锰酸钾、苯酚（石碳酸）、食盐、糖、水杨酸、维生素、生长激素、木炭、活性炭等，或在切口处涂浸薄荷油、樟脑、稀盐酸、生长素等，都可延长花期。最简单的是清水中加上几滴漂白水，就能延长鲜花的寿命。

花卉小品景观很多，本章注重介绍悬挂、墙挂、瓶中花卉小品设计与制作。

一 悬挂花卉小品设计

装有培养土的吊盆、吊篮里栽种富有变化的花卉，方便吊挂，又可以节省占地面积，创造悬挂空中花园，它是一种欣赏花卉色彩、盆、篮造型艺术的综合体。

1. 主要材料

有植物、培养土、吊挂器具。

2. 植物的选择

悬挂花卉小品要求花卉植物体型富有变化，特别是生长条件相近的、叶形小、开花向下、色彩变化、相互协调的花木。例如枝叶下垂的藤本花木、青草、小番茄、长春花、风信子、美女樱、仙人掌、香草、草莓、紫藤等。

3. 培养土

盆和篮中的培养土要保持通气，含水好的营养土。

4. 吊挂器具

盆和篮子等吊挂器具可用铁丝、竹、藤、塑料等材料制作，其造型可根据各人的爱好及手边的材料情况而定。例如用两个半球形的花篮分别栽种以上花木，以利相拼球形花篮。盆的造型比较自由活泼，只要能满足生长条件即可。由于盆和篮子都是悬挂使用的，所以吊盆、吊篮的挂钩、吊绳不仅要坚韧牢固，而且要与植物花卉的色彩、形体相协调，如大叶植物的吊绳可以粗些；小叶植物的吊绳可以细些。

5. 制作与管理

选好枝叶生长茂盛的植株，种植在准备好的吊篮中即可。如果4~5月制作，开始1~2周适当遮阳或放在树荫下，等植物生根即可形成茂盛可观的吊篮花。日常管理要喷雾洒水，保持土壤不干燥。生长季节每周施液肥一次。枝叶生长茂密时要及时摘芽，修剪枝叶，调整枝条的长度（图8-1~图8-5）。

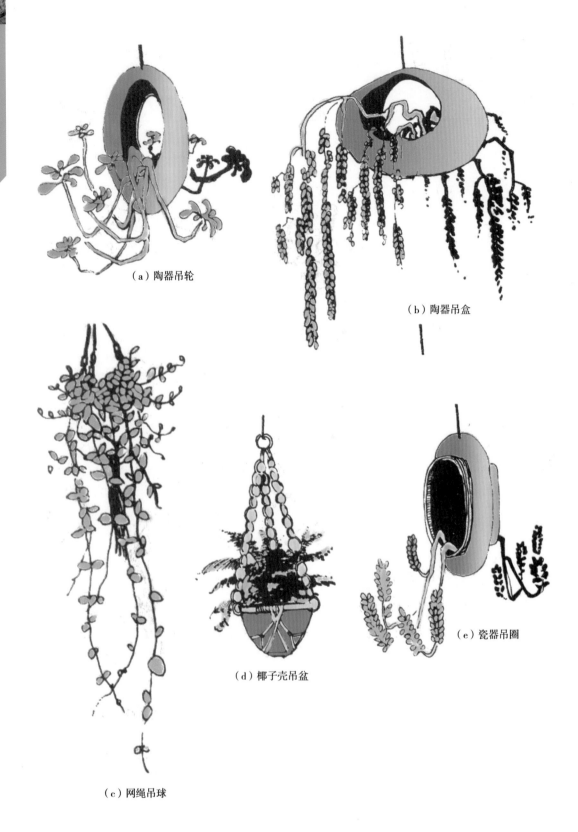

（a）陶器吊轮

（b）陶器吊盒

（c）网绳吊球

（d）椰子壳吊盆

（e）瓷器吊圈

图8-1　室内悬挂植物小品景观

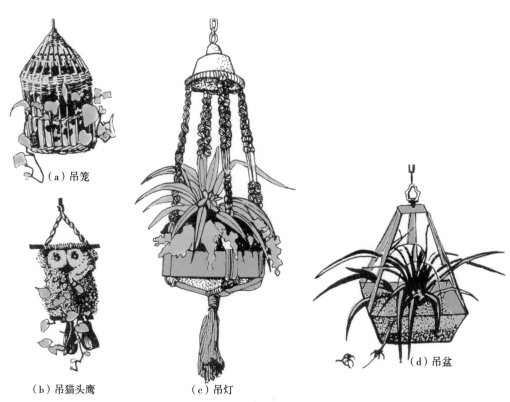

（a）吊笼

（b）吊猫头鹰

（c）吊灯

（d）吊盆

图8-2 室内悬挂植物小品景观

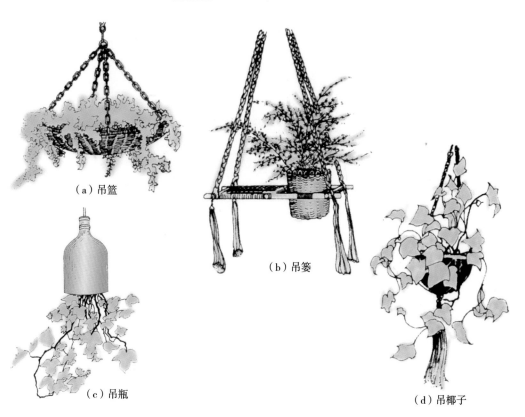

（a）吊篮

（b）吊篓

（c）吊瓶

（d）吊椰子

图8-3 室内悬挂植物小品景观

图8-4 室内悬挂植物小品景观

图8-5 室内悬挂植物小品景观

二 墙挂花卉小品设计

　　墙花小品，是用有生命的绿色植物装饰、美化墙面的现代装饰的一种。它不占室内空间而创造墙面花园和花坛，它可使不受注意的墙面死角变得活泼，在视觉上富有新鲜感，使人心情开朗。多用于居室面积狭小的空间。

1. 材料

花卉植物、金属网、木板、培养可用水苔、蛭石土等混合配制。

2．制作

利用有生命的植物造型，在墙面上布置立体图面也是很有价值的艺术品。首先选择生长茂密、下垂或横向展开的花卉植物。其次，采用各种墙挂的花盆套，下方设有盛水器皿，以防止浇水多时水溢出盆外影响室内清洁卫生。土壤可用水苔、蛭石土、培养土等混合配制。最后，将花卉植物种植其中即可。另外也可以设木板，在木板上打洞，在其后面配置营养土和水分的盆器，将花卉植物从模板洞中种植也可。种植花草的模板挂在墙上，也能取得较好的效果。植物生长季节制作较好。花卉和叶色的变化要与墙面调和。不过要注意开的植物应布置在迎光的墙面，耐阴的观叶植物团可在光亮较弱的墙面布置，整个画面应高于人的视线，以便欣赏。

3．管理要点

平时管理，加水要适量，多肉植物较耐旱，一般10多天可浇水一次。其他植物根据植株凋萎的情况而浇水。冬季可使喷雾器喷水。生长期每月施1~2次淡淡的液肥。生长季节注意安排枝叶生长你方向，为保证构图画面而适当修剪（图8-6~图8-10）。

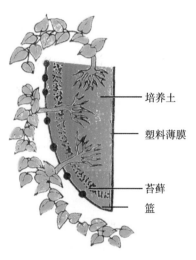

培养土

塑料薄膜

苔藓

篮

图8-6 墙挂花卉小品景观设计

图8-7 墙挂花卉小品景观设计

（a）洗去观叶植物根上泥土，用苔藓栽在盆中

（b）挂篮底部放入盛水盘

（c）将栽好的盆花放入挂篮中，即可挂在墙面上

图8-8 墙挂花卉小品景观设计

图8-9 室外悬挂植物小品景观

图8-10 室内悬挂植物小品景观

（三）瓶中花卉小品设计

在小小的玻璃瓶中加适量土壤、水分，置放小型植物，即会生长形成瓶中花草，耐人寻味。因为瓶中空气、水分通过植物生长可以往返循环自给，而光线又可以直接照入，所以植物不仅能生存，而且能生长发育，长期保持一定瓶中花卉景观。

1. 主要材料

主要材料有：玻璃瓶、土壤、水。

2．制作

首先选用体形小的花卉植物，例如蜈蚣草、铁线草、竹芋、吊兰、石菖蒲、虎耳草等观叶植物。将玻璃瓶、土壤消毒后，在瓶中先铺硅酸土再加泥土，其上全面铺上苔藓，然后在苔藓上种植观叶植物即可。

3．平时管理

平日管理可用喷雾器喷水，当瓶中的水上升到土壤的2/3高度即可。注意密封，保持瓶内空气、水分、土壤的清洁。为了防止瓶内高温，不要把瓶放在阳光下直接照射。注意密封，保持瓶内空气、水分、土壤的清洁（图8-11、图8-12）。

图8-11　玻璃瓶中植物小品景观-1

图8-12　玻璃瓶中植物小品景观-2

第八章　其他花卉小品景观设计与制作

179

第九章

常用花卉景观植物

一 木本落叶植物

1. 梅花

【学　名】*Prunus mume*

【别　名】干枝梅。

【科　属】蔷薇科，李属。

【形态特征】落叶小乔木，树冠椭圆形。叶互生，卵形。花单生或并生，红色、绿色、淡粉或白色。品种较多：有绿萼梅，花白色，萼绿色；红梅，花红色；江梅，花白色或粉白色，萼绛紫色等。

【生态习性】喜温暖稍湿润气候、阳光充足通风良好处生长。对土壤要求不严，性颇耐瘠薄，畏涝、耐旱、抗寒性好。

【花　期】2~3月。

【栽培管理】繁殖亦嫁接为主，也可扦插、压条、播种繁殖。干后浇水，开花前一周，放叶后各施液肥一次。对发枝力强、枝多而细的，应强剪或疏剪部分枝条，增强树势。对发枝力弱、枝条少而粗的，应轻剪长留，促使多萌发花枝。树冠不大者，短剪一年生主枝。花芽7~8月在当年新枝上分化，为了保证来年花开满树，对只长叶不开花的发育枝，强枝轻剪，弱枝重剪。

图9-1-1　梅花树

图9-1-2　梅花花枝

【应　用】适于庭园孤植、对植、列殖，也可植于松林、竹丛之间，配置花台，具有"岁寒三友"之意。如较大空间，可成丛、成片栽植构成梅山、梅园、梅坞、梅亭、梅阁等特色景观（图9-1）。

2. 牡丹

【学　名】*Paeonia suffruticosa*

【别　名】木芍药，洛阳花，富贵花，国色天香，花王，鹿韭，白术，两百金。

【科　属】毛茛科，芍药属。

【形态特征】落叶灌木，丛生状。羽状复叶，小叶三裂，形不规则，嫩叶紫色，叶柄长，向阳面紫色。品种各异。花大，有红、白、黄、粉红、墨紫等色。其变种有黄牡丹、紫牡丹。

【生态习性】性耐寒畏热，喜光照，耐干燥，耐阴。夏季强光时要用树荫遮蔽。适于深厚、有腐殖质的黏质壤土，忌盐碱土，喜湿润、排水良好的壤土。

【花　期】4～5月开花。

【栽培管理】扦插、播种繁殖。盆栽11月移入温室，每天喷一次水，春节时可开花。花后施腐熟追肥一次，夏季不施肥。冬天施肥后及时培土越冬。2～3年后定干3～5枚，其余的全部剪除。5～6月花后将残花剪除。

【应　用】花大色艳，富丽堂皇，素有"花中之王""国色天香"之美称，为中国名花之最，是人间幸福、繁荣昌盛的象征。园林中孤植或丛植于花台、花境，或假山石、园路旁，也可点缀草坪之中。花可醇酒，根可入药，根皮经过加工称"丹皮"，是名贵的中药材，有泻伏火、散淤血、止吐之效（图9-2）。

图9-2　牡丹开花植株

3. 月季

【学　名】*Rosa chinensis*

【别　名】长春花，月月红，四季蔷薇。

【科　属】蔷薇科，蔷薇属。

【形态特征】落叶或常绿灌木，藤本状。叶互生，广卵形或椭圆形，花单生或簇生，花瓣5片，有芳香。花色有白、黄、绿、粉红、红、紫等。栽培品种有数千种，黄月季、花浅黄色；绿月季，花大绿色；小月季，花小，玫瑰色；香水月季，花纯白色、粉红、橙黄等色，具浓香。

图9-3　月季开花植株

【生态习性】性喜温暖又喜光，22～24℃生长为宜，好肥沃土壤，在中性、富有机制、排水良好的壤土中生长较好。

【花　期】春秋为主，四季皆有花开。

【栽培管理】扦插繁殖，在梅雨季节进行；老枝扦插在1月份进行。整形修剪在冬季或早春进行。在夏、秋生长期，也可经常进行摘蕾、剪稍、切花和剪去残花等。因造型不同又可分为灌木状、树状、倒垂状等。冬季剪去残花，多留腋芽，以利早春多发新枝。主干上部枝条，长势较强，可多留芽；来年冬，灌木型姿态初步形成，重剪去上一年连续开花的一年生枝条，更新老枝。

【应　用】花色繁多而艳丽，花期较长。在园林中常作专类园、丛植、片植，或栽植花台、花境，都非常美观。也是切花瓶插、制作花篮、花环的好材料，矮化品种可作盆景装饰室内。月季花的植株能分泌出杀菌素，对绿脓杆菌等细菌具有较好的杀菌作用，能较多地吸收氯化氢、硫化氢、苯酚、乙醚等有害气体，净化室内外的二氧化硫能力也很强。杀死空气中的细菌具有净化空气，降低呼吸道疾病率的作用（图9-3）。

4. 贴梗海棠

【学　名】*Chaenomeles lagenaria*

【别　名】木瓜花，铁脚海棠。

【科　属】蔷薇科，木瓜属。

【形态特征】落叶灌木。树皮灰褐色，光滑。叶互生，椭圆形至长椭圆形，先端略为渐尖，基部楔形，边缘有尖锯齿，表面深绿色而有光泽，背面灰绿色并有短柔毛，叶柄细长，基部有两个披针形托叶。花5～7朵簇生，伞形总状花序，未开时红色，开后渐变为粉红色，多为半重瓣。变种、品种多，芒刺海棠，叶缘有芒状锯齿；木瓜海棠，叶两面有黄褐色茸毛；龙爪海棠，枝和刺弯曲；还有白花种；红花种等。

【生态习性】分布于北温带，我国有25种，除华南地区外均有分布，多喜温暖，耐寒，夏季忌高温，温度高于32℃时生长不良。

【花　期】4～5月份。

【栽培管理】压条、扦插、分株、播种繁殖。花前应施追肥，并逐渐增加水量，而花后应减少浇水。花后修剪可促进开花。春季萌芽前或秋冬落叶后分株繁殖。春季压条和根插。春季剪除枯弱枝条，保持树形疏散，通风透光。

【应　用】适宜种植花台、花境，配置在人行道两侧、亭台周围、丛林边缘、庭园、水滨池畔等，也是制作盆景和插花的好材料。对二氧化硫有较强的抗性，适用于城市街道绿地和矿区绿化。有的品种先花后叶，花蕾待放时，似无数宝石，凝聚争妍。果实，可供食用、药用。花含蜜汁，是很好的蜜源植物（图9-4）。

图9-4　贴梗海棠花枝

5. 麻叶绣线菊

【学　名】*Spiraea cantoniensis*

【别　名】柳叶绣线菊，空心柳，麻球，麻叶绣球。

【科　属】蔷薇科，绣线菊属。

【形态特征】落叶直立灌木，丛生状。小枝密集，皮暗红色，单叶互生，长椭圆形至披针形，中部以上有大锯齿。10～30朵小花集成球形，伞形花序顶生，花密集，白色。果7月成熟。常见种有：高山绣线菊，叶簇生，全缘；美丽绣线菊，花粉红色；榆叶绣线菊，叶缘锯齿细而尖；中华绣线菊，叶背面有黄色绒毛；粉花绣线菊，复伞形花序，花粉红色等。

【生态习性】性喜光，也稍耐阴，耐干旱瘠薄，对土壤要求不严，怕湿涝，分蘖力强。

【花　期】4～5月份。

【栽培管理】以分株、扦插繁殖为主，也可用种子繁殖。扦插春季进行，分株晚秋进行。分蘖力强，冬季落叶后修剪，保留二三年丛生枝，1.5～1.8m高，粗枝上密生小枝，五年以上枝不开花，从地面上剪去，保留一二年生的枝干；也可以强修剪，保留地面上30～40cm高度新枝。

【应　用】夏季盛开白色或粉色鲜艳的花，可植于庭园、公园、水边、路旁、花境，或栽于假山及斜坡上，配置花台、花境供观赏，列植路边，形成绿篱极为美观。又为蜜源植物（图9-5）。

图9-5　麻叶绣线菊花枝

6. 榆叶梅

【学　名】*Prunus teiloba*

【别　名】榆梅，小桃红。

【科　属】蔷薇科，李属。

【形态特征】落叶灌木或小乔木，树冠椭圆形。单叶互生，叶椭圆形至倒卵形，先花后叶或花叶同时开放，花萼无毛或微被毛，萼筒钟形，萼片卵圆三角形，具细小锯齿，花粉红色。果实近球形，果肉薄，成熟时开裂，果核具硬壳。榆叶梅品种繁多，有单瓣亦有重瓣，花瓣多，花大而密，色泽艳丽，观赏价值高。

【生态习性】喜阳，耐寒，对土壤要求不严，以轻壤土为好，耐碱土。抗旱，不耐水涝，也不喜荫蔽。

图9-6　榆叶梅花枝

【花　期】4~5月份。

【栽培管理】播种、嫁接繁殖。春、秋播种繁殖发芽率高。嫁接繁殖，当幼树长到一定高度时，留2~3个主枝，使其上下错落分布。剪除过密的新枝、拥挤枝、无用枝。短剪、疏剪树冠内强势竞争枝。及时除萌、摘心。灌丛花后及时除果，小乔木状可留果观赏。

【应　用】叶茂，花繁，花瓣重色艳，不论园林绿地或庭园中均宜种植，是北方的花灌木之一。常植于建筑前、道路边、花境、花台或衬于常绿树前等处。也适于盆栽和切花（图9-6）。

7. 珍珠梅

【学　名】*Sorbaria kirilowii*

【别　名】华北珍珠梅。

【科　属】蔷薇科，珍珠梅属。

【形态特征】落叶丛生灌木，高2~3m。奇数羽状复叶，小叶13~21枚，卵状披针形，长4~7cm，重锯齿，无毛。花小，白色，大型圆锥花序顶生。蓇葖果长圆形，无毛。雄蕊与花瓣等长。

【生态习性】喜光，耐阴性强，耐寒。不择土壤，以在湿润肥沃的土壤上生长较好。

【花　期】6~8月份。

【栽培管理】扦插及分株繁殖为主，可播种。8月开花之后需剪除枯萎的花序梗，并施有机肥，促使生长旺盛。每隔3~5年，应将老株分栽更新一次。萌蘖性强、生长较快，耐修剪，可用剪除老枝的方法进行更新复壮。

【应　用】花、叶清丽，花期极长而且正是夏季少花季节，故庭园、花台、花境中多喜应用。植体可产生杀菌素，对结核杆菌、金黄葡萄球菌、绿脓杆菌等细菌具有很强的杀菌作用。对消除空气中有害微生物的污染、保护人体健康都具有重大作用。其杀菌素可用增强人的神经系统功能，消除疲劳和精神紧张。杀菌素可使空气中负离子增加、正离子减少，对于现代人的生活很有好处（图9-7）。

图9-7　珍珠梅花、叶

8. 紫叶李

【学　名】*Prunus cerasif*

【别　名】紫叶李。

【科　属】蔷薇科，李属。

【形态特征】落叶小乔木，球形树冠。枝条细，幼枝紫红色，叶卵形至倒卵形，边缘有锯齿，褐紫红色。花单生，水红色。核果球形，暗红色7月果熟。

【生态习性】喜光，细温暖湿润气候，对土壤要求不严。荫蔽条件下，叶色不鲜艳。不耐寒，较耐湿。生长旺盛，萌生枝的能力较强。

【花　期】花期3~4月份。

【栽培管理】压条、扦插、嫁接繁殖。冬季修剪为宜。萌芽力强。当幼树长到一定高度时，选留三个不同方向的枝条作为主枝，并对其进行摘心，以促进主干延长枝直立生长。如果顶端主干延长枝弱，可剪去，由下面生长健壮的侧主枝代替。

【应　用】由于开花较早，春季满树白花，夏季果实累累，美丽诱人，常作为观赏树种栽植于庭园之中，如将各种李的品种嫁接同一树冠，效果更好，是庭园绿化的优良树种。嫩叶鲜红，老叶紫红，满树红叶，可作观叶风景树，与常绿树相配，或在白粉墙前种植，可以创造各种园林植物景观。也可盆栽，布置室内会场等处，都很雅致。可以吸收二氧化硫等含硫气体（图9-8）。

9. 棣棠

【学　名】*Kerria japonica*

【别　名】地棠，蜂棠花，黄度梅，金棣棠梅，黄榆梅。

【科　属】蔷薇科，棣棠花属。

【形态特征】花灌木，小枝有棱，绿色，无毛。叶卵形或三角形，先端渐尖，基部截形，边缘有重锯齿，下面微生短柔毛；有托叶。花单生于侧枝顶端；花直径3~5cm；萼筒扁平，裂片5，卵形，全缘，无毛；花瓣黄色，宽椭圆形，萼裂片宿存。有两个变种：一种是重瓣棣棠花，一种是白棣棠花。

图9-8　紫叶李枝叶、果

【生态习性】喜温暖湿润和半阴环境，耐寒性较差，对土壤要求不严，不宜碱性土壤，以肥沃、疏松的沙壤土生长最好。

【花　期】花期4~6月份。

【栽培管理】以分株、扦插和播种法繁殖，分株以分株繁殖为主，在早春和晚秋进行，用刀或铲直接在土中从母株上分割各带1~2枝干的新株取出移栽，留在土中的母株，第二年再分株。扦插：早春用硬枝

图9-9　棣棠花、叶

扞插，梅雨季节，6月份左右用嫩枝扞插。播种后盖细土，覆草，出苗后搭棚遮阳。如枝条由上而下，渐次枯死时，立即剪掉枯死枝。在开花后留50cm高，剪去上部的枝，促使地下芽萌生。

【应　用】棣棠花枝叶翠绿细柔，金花满树，别具风姿，可栽在墙隅及管道旁，有遮蔽之效。宜作花篱、花径，群植于常绿树丛之前，古木之旁，山石缝隙之中或池畔、水边、溪流与湖沼沿岸成片栽种，均甚相宜；若配植疏林草地，则尤为雅致，野趣盎然，盆栽观赏。棣棠花除供观赏外，也可入药，有消肿、止痛、止咳、助消化等作用（图9-9）。

10. 蜡梅

【学　名】*Chimonanthus praecox*

【别　名】黄梅花，干枝梅，腊梅，香梅，雪里花。

【科　属】蜡梅科，蜡梅属。

【形态特征】落叶灌木，丛生状。叶对生，卵状披针形。花单生，蜡黄色，浓香。变种有素心蜡梅、小花蜡梅、山蜡梅、柳叶蜡梅；同属品种还有亮叶蜡梅等。

【生态习性】喜光，稍耐阴，耐寒、耐旱力强，忌水湿，怕风。性喜肥沃，土层深厚、排水良好的壤土，黏性土生长不良。

【花　期】1～3月份，南方11月开花。

【栽培管理】3～4月份分株，切接繁殖，春季或花后扞插，也可5月前后靠接繁殖。炎热的夏季要适当浇水。4～11月份要每月要施薄肥一次。树冠形成后，夏季，对主枝延长枝的强枝摘心或剪稍，减弱其长势。

【应　用】具有中国园林特色的冬季典型花木。一般以自然的孤植、对植、林植及花池、花台、花境等方式，配置于园林或建筑物入口处两侧、厅前亭周、窗前屋后、墙隅、斜坡、草坪、水畔、道路之旁等处。冬日花开，芳香四溢，在庭园中与南天竹配，黄花红果，相得益彰。能吸收空气中的汞蒸气等有害气体。花还可提取香精和做花茶（图9-10）。

图9-10　蜡梅花枝

11. 迎春花

【学　名】*Jasminum nudiflorum*

【别　名】金腰带，金梅，迎春。

【科　属】木犀科，素馨属。

【形态特征】落叶或常绿灌木，丛生状。枝条拱形、四棱。三小叶复叶，叶对生。花单色生于叶腋，先花后叶，有清香。花冠黄色为波状裂片。同属的还有南迎春（素馨）常绿灌木，夏秋开花；探春，半常绿。

【生态习性】温带树种，性喜光，适于肥沃、排水良好的土壤。较耐旱、耐寒、耐碱。

【花　　期】2～4月份。

【栽培管理】春季进行插条、压条繁殖为宜，梅雨季节进行为好。萌芽力强，耐修剪、摘心和绑扎造型。花后可疏剪去前一年的枝，以保持自然的形态。因为生长力较强。5月中旬左右，剪去强枝、杂乱枝，以集中养分供两次生长。6月可剪去新稍，留枝的基部2～3节，以集中养分供花芽生长。

【应　　用】每到春季满树金黄可爱，生机盎然。其他季节枝叶郁郁葱葱。适于庭园、门前、路边栽植，具有报春之意。与玉梅、山茶、水仙想配植具有"雪中四友"之称。适于花境、花台、花篱、绿篱栽植；适于池畔、石隙、墙头、假山、悬岩旁等处绿化；也适于盆栽，制作盆景布置室内。对绿脓杆菌等细菌具有一定的杀菌作用（图9-11）。

12. 连翘

【学　　名】*Forsythia suspense*

【别　　名】黄寿丹，黄花杆，绶丹。

【科　　属】木犀科，连翘属。

【形态特征】落叶灌木，具有丛生的直立茎，枝条开展而拱垂，小枝褐色，稍部四棱。单叶或三小叶复叶对生，卵形、椭圆状卵形，先端尖，基部阔楔形或圆形，边缘除基部以外有整齐的粗锯齿。花金黄色，先叶开放，常单生，萼片与花冠筒等长。蒴果卵球形。变种有：三叶连翘，长枝上的小叶三枚或三裂，花瓣窄，裂片扭曲；垂枝连翘，分枝细而下垂，常匍匐地面，枝梢生根，花常单生，花冠的裂片较宽而扁平。

图9-11　迎春花植株

图9-12　连翘花枝

【生态习性】喜光，耐阴，耐寒，对土壤要求不严，喜钙质土壤。能耐干旱和瘠薄，怕涝，病虫害少。

【花　　期】4月份、9月份两次花。

【栽培管理】分株繁殖为主，也可嫁接、压条繁殖，在3月下旬和9月下旬进行为宜。萌芽力强，强修剪后宜长出徒长枝，所以，幼时不强剪。树冠形成后，应注意对小侧枝修剪，促使基部的隐芽萌发。

【应　　用】花色艳丽可爱，是优良的早春观花灌木。开花时满枝金黄，花朵繁茂，簇生枝间，色彩艳丽，鲜艳夺目，艳丽可爱，有"花中神仙"之美称。对植门旁或配植在草坪、花境、花台中，特别是作为绿篱，布在园路的转角处，阳坡地、阶前、篱下及作基础种植花时别有特色。孤植在常绿树前、山石旁都是很好的前景树。也可盆栽，制作盆景等布置室内外环境。对绿脓杆菌等细菌具有较好的杀菌作用（图9-12）。

13. 紫荆

【学　名】*Gercis chinensis*

【别　名】满条红，紫株，乌桑，箩筐树。

【科　属】豆科，紫荆属。

【形态特征】落叶丛生灌木，或小乔木。叶大心脏形。花密4～10朵，簇生老枝上，紫红色。先花后叶。荚果紫红色，10月成熟。变种有白花紫荆等。

【生态习性】我国大部分地区均有栽植。性喜光，喜肥沃，湿润土壤，但怕涝，较耐寒。

【花　期】4月份。

【栽培管理】以播种繁殖为主，3～4月份，也可分株繁殖。萌发能力强，耐修剪。定植后的幼苗，为了促使其多生分枝，发展根系，应进行轻度短截。来年早春，重短截，使其萌发出3～5个强健的一年生枝。在生长期，应适当的摘心、剪梢。冬季适度疏剪树丛内过密的拥挤枝、无用枝、枯萎枝等。避免夏季修剪，否则会减少花芽的产生。

【应　用】早春开花，一片紫红，配植在庭园中的墙隅、篱外、草坪边缘、建筑物周围的花台、花境，与常绿乔木配植，对比鲜明，花色更加美丽。也可成丛布置庭园、花园一隅。植株对金黄葡萄球菌、绿脓杆菌等细菌具有很强的杀菌作用，还有很强的滞尘能力（图9-13）。

图9-13　紫荆植株

14. 木槿

【学　名】*Hibiscus syriacus*

【别　名】木棉，篱障花，喇叭花，朝开暮落花。

【科　属】锦葵科，木槿。

【形态特征】落叶灌木或小乔木。单叶互生，卵形。花单生叶腋，钟状，花有紫、红、白等多种颜色，花

图9-14　木槿花、叶

朵有单瓣和重瓣。蒴果长圆形，9~11月成熟。常见品种有重瓣白花木槿，重瓣紫花木槿。同属还有大花木槿。

【生态习性】性喜光，喜温暖湿润的气候，耐半阴，耐干燥及贫瘠的土壤。耐修剪，抗寒性弱，抗烟尘及有害气体的能力较强。

【花　期】6~9月份。

【栽培管理】春季扦插繁殖，3月份压条繁殖，秋天分株繁殖，生长快，萌芽力强，耐强修剪。冬季落叶后，即可修剪。二三年生老枝仍可发育发芽、开花，剪去先端，留其10cm左右即可。

【应　用】花期长，花朵大，夏秋花开满树，娇艳夺目，甚为美观。常作花篱、树丛、花台、花境、植于庭园都很美丽，在庭园中是优良的花灌木树种。抗污染性强，适于工厂庭园绿化。嫩枝叶、白花可作蔬菜食用（图9-14）。

15. 木芙蓉

【学　名】*Hibiscus mutabilis*

【别　名】芙蓉花，醉芙蓉，拒霜花，木莲，醉酒芙蓉，地芙蓉，华木，三变花，九头花，拒霜花，铁箍散，转观花，清凉膏。

【科　属】锦葵科，木槿属。

【形态特征】落叶灌木或小乔木，高2~5m，茎、叶、果柄、小苞片和花萼上均密生星状毛和短柔毛。叶卵圆状心形，5~7掌状分裂，边缘有钝齿；花形大而美丽，生于枝梢，单瓣或重瓣，钟形，花白色或粉红色，至傍晚呈深红色，单瓣或重瓣。蒴果扁球形，果瓣5，密生淡黄色刚毛及绵毛。

【生态习性】我国除东北、西北外其他各省都有分布，成都一带栽培最多，历史悠久，故成都又有"蓉城"之称。芙蓉花喜温暖、湿润的气候，喜阳光，也微耐阴，适应性较强，但不耐寒。

【花　期】花期8~10月份，果期9~11月份。

【栽培管理】扦插、分株或压条，播种繁殖。2~3月份进行扦插、压条繁殖；早春发芽前进行截杆分株繁殖；压条是选用生长健壮的半木质化嫩枝条，压入土中，一个月左右即可生根分株。木芙蓉繁殖快，萌芽力强。冬季落叶后，即可修剪，如培养低矮的花树可将整体剪短。对粗大的枝可以短剪，以促使细枝密生，树容整齐。

【应　用】芙蓉花朵极美，是深秋主要的观花树种，开花一日三变，清晨开花时呈乳白色或粉红色，傍晚变为深红色，故又名"三变花"。其花晚秋始开，风姿艳丽，占尽深秋风情，因而又名"拒霜花"。花大，花期长，开花旺盛，品种多，花色丰富，是很好的观花树种。它耐水湿，园林中宜植于江边、河岸、塘边、草坪边缘、路边、林缘、坡地、建筑物前，或作为花篱、花境也很适合。根、花、叶均可入药，外敷有消肿解毒之效（图9-15）。

图9-15　木芙蓉花、叶

16. 紫薇

【学　名】*Lagerstroemia indica*

【别　名】痒痒树，百日红，满堂红，无皮树。

【科　属】千屈菜科，紫薇属。

【形态特征】落叶乔木或灌木，椭圆形树冠。单叶对生，叶椭圆形。圆锥花序顶生，花瓣多皱纹，有白、红、淡红、淡紫、深红等色。花开烂漫如火，夏秋经久不衰，故又名百日红。栽培观赏种还有：大花紫薇，花大，有粉红色变紫色；银薇，花白色；翠薇，花紫色；赤薇，花红色。

【生态习性】亚热带阴阳性树种，喜温暖湿润气候，喜光又稍耐阴，耐旱、耐寒、怕涝。

【花　期】7～10月份。

【栽培管理】萌蘖性强，可分蘖繁殖。播种繁殖，2～3月份进行。插条繁殖，3月进行。冬季，将一年生苗先端短截。来年春则生3～4个新枝，剪口下第一枝，可作主干延长枝，使其直立生长。夏季对其下面2～3个新枝进行不断摘心。第二年冬季，短截主干新枝1/3，并对第一层主枝短截，剪口留外芽，减弱长势。

【应　用】树姿优美，树干光滑洁净，花期长，花色烂漫，在庭园种，配植在常绿树群中，对比鲜明。庭园建筑物前、池畔、路旁、草坪边缘、花台、花境均宜栽植。对结核杆菌具有很好的杀菌作用，花的香气还可杀死痢疾杆菌和白喉杆菌（图9-16）。

17. 石榴花

【学　名】*Punica granatum*

【别　名】海石榴，安石榴，榭榴、若榴、山力叶。

【科　属】石榴科，石榴属。

图9-16　紫薇叶、花枝

图9-17　石榴花花枝、叶枝、果枝

【形态特征】落叶灌木或小乔木，树冠椭圆形。叶对生，倒卵形。花朵顶生有红、黄、白、粉红等多种色彩。果实球形，红黄色，顶端有宿萼。品种有果石榴、花石榴、小石榴，还有四季石榴，常年开花不断。

【生态习性】热带、亚热带树种。好光，喜温暖，耐瘠薄干旱，适生于含石灰质土壤中。

【花　期】花期5～9月份。果实球形，红黄色8～9月份成熟。

【栽培管理】2～3月份播种繁殖，早春，将一年生苗距地10～20cm处剪除上端，即可发出3～5个枝条。生长期内，不断修剪枝梢或摘心，刺激多生二次枝、三次枝。但要保持树丛内部通风，透光良好。

【应　用】树干健壮古朴，枝叶浓密，鲜艳夺目。在庭园中可植于阶前、庭间、布置花境、花台、草坪外缘，点缀花坞，或栽竹丛外缘，红花绿叶极为美观。小型石榴适于花台、盆栽或制作树桩盆景，供室内案头欣赏。阻滞灰尘的能力较强，能吸收铅蒸气、二氧化硫、氯气、氟化氢、二氧化氮等有毒气体。果可食用；果皮、根、花可制药（图9-17）。

18. 紫藤

【学　名】*Wisteria sinensis*

【别　名】藤萝，朱藤，黄环。

【科　属】豆科，紫藤属。

【形态特征】落叶木质缠绕藤本可达10多米。奇数羽状复叶互生，小叶卵形，长圆形至卵状披针形，幼时密生短柔毛，全缘。春季开花，总状花序下垂，花瓣蝶状，紫蓝色，成串下垂，具有香味。先花后叶，荚果扁长形，9～10月成熟。变种还有：银藤，花白色，具浓香；夏藤，花淡黄色，紫色，具芳香。

【生态习性】全国均有栽植。性喜光，稍耐阴，喜深厚肥沃沙质壤土，主根深，适应性强，能抗旱，耐瘠薄，但不耐积水。

【花　期】银藤花期4～5月份；夏藤，花期为7～8月份。

【栽培管理】播种、嫁接、压条、扦插、分蘖繁殖均可。冬季酌量修剪徒长枝，施足基肥。早春施液肥。盆栽藤桩要适当控制水肥，不使长枝抽发，花后追肥。定植后，选留健壮枝作主干培养，剪去先端不成熟部分，剪口附近如有侧枝，剪去2～3个，以减少竞争，以便将主干藤缠绕于支柱上。

【应　用】枝繁叶茂，花色浓艳。老茎盘曲势若龙盘，刚劲古朴，紫花下垂，是庭院棚架主要垂直绿化树种，也可修剪制作盆景供室内观赏。由于叶茂荫浓，适于配置庭园门前、花架、花廊、花亭，缠绕假山。能吸收二氧化硫、氯气、氯化氢、氟化氢等有害气体。紫藤花还可提炼芳香油（图9-18）。

19. 合欢树

【学　名】*Albizzia julibrissin*

图9-18　紫藤花枝

【别　名】夜合树，马缨花，绒花树，扁担树。

【科　属】豆科，合欢属。

【形态特征】落叶乔木，伞形树冠。叶互生，伞房状花序，雄蕊花丝犹如缨状，半白半红，故有"马缨花""绒花"之称。另外有大叶合欢，叶大，花银白色，有香气，我国广州较多；山合欢，叶小，花由黄色变为黄白色。

【生态习性】阳性树种，好生于温暖湿润的环境；耐严寒，耐干旱及瘠薄。夏季树皮不耐烈日。在沙质壤土上生长较好。

【花　期】6~7月份。

【栽培管理】10月份采种，翌年春播种。3~4年后幼树主干高达2m以上时，可进行定干修剪。选上下错落的3个侧枝作为主枝，用它来扩大树冠。冬季，对3个主枝短截，在各主枝上培养几个侧枝，彼此互相错落分部，各占一定空间。因萌芽力弱，不耐修剪。

【应　用】花美，形似绒球，清香袭人；叶奇，日落而合，日出而开，给人以友好之象征。花叶清奇，绿荫如伞，植于堂前供观赏。作绿荫树、行道树，或栽植于庭园水池畔等，都是极好的。对结核杆菌具有很好的杀菌作用，对绿脓杆菌等细菌具有较好的杀菌作用。树皮及花可入药（图9-19）。

图9-19　合欢树花枝、果枝

20. 槭树（红枫）

【学　名】*Acer palmatum*

【别　名】红枫。

【科　属】槭树科，槭树属。

【形态特征】落叶小乔木，树冠扁圆形或伞形。小枝紫色细瘦。叶对生，掌状或七裂基部心脏形。常见的变种有：紫红叶鸡爪槭（红枫），金叶鸡爪槭（黄枫），细叶鸡爪槭（羽毛枫），深红细叶鸡爪槭（红叶羽毛枫），条裂鸡爪槭（衰衣槭）。

【生态习性】原产我国温带。喜湿润、富有腐殖质、肥沃、排水良好的土壤，耐寒怕涝。

【栽培管理】嫁接繁殖，砧木生长旺盛时，用二年生青枫作砧木，春季嫁接为宜。小苗移植可在落叶后、芽萌动之前进行为宜，夏季要保持土壤湿润。为了使盆栽造型美观，在夏季可把大叶摘光，使它生出小型新叶，为了保持红叶，8~9月份施入草木灰水或1%的硫酸钾液。12月至翌

图9-20　红枫植株

年2月或5~6月进行修剪。10~11月份剪去对生枝树枝种的一个，以形成相互错落的生长形式。

【应　用】嫩叶青绿，秋叶红艳，翅果幼时紫红，熟后变黄。整株姿态优美，是珍贵的观叶树种。植于园林之中、溪边、池畔、粉墙前，红叶摇曳，雅趣横生。小叶形植株宜作盆景，也是花台、瓶插、切花的好材料（图9-20）。

二　木本常绿植物

21. 茶花

【学　名】*Camellia japonica*

【别　名】耐冬花，寿星茶。

【科　属】山茶科，山茶属。

【形态特征】常绿灌木或小乔木，树冠椭圆形。单叶互生，椭圆形，革质。花两性，单生或对生于叶腋或枝顶，有白色、红色、紫色。蒴果木质，秋末成熟。栽培品种很多，有单瓣，重瓣等。

【生态习性】亚热带树种。喜温暖、湿润、疏松、肥沃、排水良好的酸性壤土，忌碱性土、黏性土。不宜过寒、过热，怕风。

【花　期】1~4月份。

图9-21　茶花花、叶

【栽培管理】嫁接、压条、播种繁殖，5~6月进行扦插繁殖。可以深剪，创造各种造型，别有情趣。夏季要遮阳。常施薄肥。萌芽力强，花生在当年枝的顶端，花后将前一年的枝剪去1/3~1/2，并整理树冠。

【应　用】四季常绿，叶色翠绿，有光泽，四季常青；花大、花色艳丽，花期长，适于庭园孤植、群植，作为庭园花台主景树。也适宜花境、花台种植，盆栽布置室内、阳台观赏。它能吸收大量氟化物、氯气、二氧化硫、苯、甲酚等有害气体，还有吸滞粉尘和减弱噪声的能力。花瓣中含有丰富的维生素、蛋白质、脂肪、淀粉和各种微量的矿物质，还含有高效的生物活性物质（图9-21）。

22. 丁香

【学　名】*Syringa oblata*

【别　名】百结，情客，紫丁香。

【科　属】木犀科，丁香属。

【形态特征】落叶灌木或小乔木，圆球形树冠。单叶对生，卵圆形；圆锥花序，花白色、紫色，花冠筒状，芳香，蒴果9月成熟。同属的还有白花丁香、红花丁香、紫花丁香、荷花丁香、小叶丁香、花叶丁香、四季丁香等。

【花　期】4月份。

【生态习性】温带及寒带树种，阳性，稍耐阴，好生于肥沃湿润土壤，适应性强，较耐旱。忌低湿积水，抗寒性强。

【栽培管理】嫁接繁殖12月中进行，分株繁殖春季进行，扦插繁殖秋季进行。当幼树的中心主枝达到一定高度时，留4～5个强壮枝作主枝培养，其他剪除，使其上下错落分布。

【应 用】枝叶茂密，可吸收噪声。花美而香，植于路边、窗前，阵阵芳香扑鼻而来。适宜布置草坪绿地、花境、花箱，美化环境。花枝可作为切花瓶插。丁香花散发的丁香酚可健脑，对牙痛有止痛作用（图9-22）。

丁香花枝

23. 杜鹃花

【学 名】*Rhododendron simsii*

【别 名】映山红，照山红，山石榴，山鹃，山踯躅，红踯躅。

【科 属】杜鹃花科，杜鹃花属。

【形态特征】常绿灌木，丛生。叶椭圆形，花喇叭状或筒状春夏开。有紫、白、红、粉红、黄、橙红、橘红、绿等色。品种较多，如杂种鹃、毛鹃、云锦杜鹃、朱砂杜鹃、春鹃、夏鹃等。

【生态习性】我国长江流域至珠江流域普遍生长，喜酸性、肥沃、排水良好的壤土，忌碱性土。喜半阴，怕强光，喜温暖、湿润、通风良好的气候。

【花 期】4～6月份。

【栽培管理】繁殖方法较多，用播种、扦插、压条、嫁接、分蘖等均可。生长旺盛，萌芽力强，二三年生的幼苗应摘去花蕾，以利加速形成骨架。7～8月花芽分化成花苞，来年4月开始伸展新芽，花后立即修剪。秋冬时剪去冠内的涂长枝、拥挤枝和杂乱

图9-22 紫丁香花枝

图9-23 杜鹃花花枝、叶

枝，使整体树型造型自然柔和。为了防止杜鹃花花后死亡，首先疏剪过多的花蕾，控制花期，因为花大而丰满，花期长，易过多地消耗体内养分，造成养分失调而死亡。合理浇水施肥，花蕾显色时，每天浇水一次，新叶长大时每天早晚各浇水一次。花后会生长很多新芽，需要大量养分，必须及时施肥补充养分。梅雨季节停止浇水、施肥。6～10月份需遮阳。

【应　用】适宜作花境、花箱、花台、花篱、绿篱、草坪中心和四隅的花材，在大树下或门前、阶旁、墙基等处集中成片栽植，开花时烂漫如锦。丛植、遍植的杜鹃可根据地形、环境的特点修剪成起伏的波浪形。还是制作盆景的好材料，盆栽布置室内、会场不仅美化环境，还可吸收放射性物质。黄色杜鹃含有毒素，误食会引起中毒（图9-23）。

24. 含笑

【学　名】*Michelia figo*

【别　名】香蕉花，含笑花，含笑梅，山节子。

【科　属】木兰科 含笑属。

【形态特征】常绿灌木或小乔木。分枝多而紧密组成圆形树冠，树皮和叶上均密被褐色绒毛。单叶互生，狭椭圆形，嫩绿色，先端渐尖，全缘，厚革质。花单生于叶腋，黄色或乳白色，花形小，呈圆形，花香袭人，香气浓郁，味如香蕉，边缘有时呈红色或紫色，花被片6。聚合蓇葖果卵圆形。

【生态习性】原产华南山坡杂木林中，广东、福建等地的亚热带地区。现在从华南至长江流域各省均有栽植。喜温暖、湿润半阴环境，怕酷热，喜腐殖、排水良好、疏松肥沃、微酸性土壤。

【花　期】4～6月份。果期9～10月份。

【栽培管理】5月份扦插繁殖，也可嫁接、压条、播种繁殖。春季播种，播种后庇荫，1个月出苗。4月份栽植成活率高。春季施足肥，夏季适当遮阳，夏季高温天气，每天早晚各浇1次水，并喷叶面水，冬季少浇水。5～9月份，每月施酸性液肥1次。喜温暖，不耐寒。长江以北均要上盆，进温室过冬，成年苗能耐－2℃低温。在6月花谢以后，进行扦插繁殖，基质用疏松泥炭土或沙质壤土，插后充分浇水，庇荫保持湿度。翌春带土移植，盆栽每年翻盆换土1次，注意要能通风透光。

【应　用】叶色深绿，花香扑鼻，孤植庭园极佳，是优良的观赏树种，是名贵的香花植物。盆栽可陈设于室内、阳台、花境、庭园等较大空间内，因其香味浓烈，不宜陈设于小空间。温暖地区多为地栽，寒冷地区则须盆栽观赏。其花朵亦可用于制作花环、胸花等（图9-24）。

图9-24　含笑花枝

25. 广玉兰

【学　名】*Magnolia grandiflora*

【别　名】荷花玉兰，洋玉兰。

【科　属】木兰科，木兰属。

【形态特征】常绿树木，树冠为椭圆形。叶革质，互生，倒卵形，全缘，正面深绿色，有光泽，下面密被绣褐色毛。花大，白色，单生枝顶，花茎约20~25cm，芳香。花瓣大，通常6瓣。

【生态习性】亚热带树种，原产北美，喜光，能耐半阴，喜温暖、湿润气候。较耐寒，适于深厚、肥沃、湿润的土壤。

【花　期】4~6月份。

【栽培管理】秋季采种后及时播种。春季用一年生的嫩枝嫁接繁殖，也可用扦插繁殖。幼时，要及时剪除花蕾，促使剪口下的壮芽生长。并及时除去侧枝顶芽，保证中心主枝的优势。广玉兰树木抗风力弱，栽植后应设立防风支架。定植后，修剪过于水平或下垂主枝，维持枝间平衡关系，使每轮主枝相互错落，避免上下重叠生长，充分利用空间。夏季随时剪除根部萌蘖枝，使各轮主枝数量减少1~2个。疏剪冠内过密枝、病虫枝。

【应　用】树姿雄伟壮丽，叶大光亮，四季常青，适于庭园孤植、丛植或对植门前，也可作为常绿行道树使用，花香四溢，非常壮观。花含芳香油，可制成鲜花津膏，调制香精，花蕾可药用，种子可榨油。叶片具有很强的吸尘能力，能吸收二氧化硫、氯气等有害气体，对汞蒸气也具有很强的吸收功能，是工厂庭园绿化的好树种。

图9-25　广玉兰

26. 栀子花

【学　名】*Gardenia jasminoides*

【别　名】黄栀子，山栀，越桃，白蟾花。

【科　属】茜草科，栀子属。

【形态特征】常绿灌木，枝丛生，树冠球形。叶对生或三枚轮生，卵形，革质，表面光亮。花白色，单生植顶或叶腋，具浓香，浆果卵形，橙黄色，10月份成熟。品种有：大花栀子，花形较大，香味极浓；小花栀子，花形较小，叶小；卵叶栀子花，叶具斑纹。同属的还有：雀舌花，茎匍匐，叶倒披针形，花重瓣。

【生态习性】喜温暖湿润通风良好的环境。喜光亦耐阴，耐寒性差。喜疏松、肥沃的酸性土壤。

【花　期】6～8月份。

【栽培管理】扦插、压条、分株、播种繁殖，春季播种为宜。萌芽力强，耐修剪。9月份栀子花的新梢发育成花芽，待来年开花。花谢后，如整形修剪，只能疏剪伸展枝、徒长枝、弱小枝、斜枝、重叠枝、枯枝等，但要保证整株造型完整。如将新芽剪掉，来年开花会减少。

【应　用】栀子花叶色四季常绿，枝繁叶茂，叶亮色绿，花色洁白，芳香扑鼻，清丽可爱。适于庭园池畔、阶前、路旁栽植，或群植、孤植，或列植，也是点缀花坛的好材料，也可作花台、盆栽、切花、花篮等，供室内观赏，还可做插花和佩带装饰。有吸滞粉尘的能力，还能吸收二氧化硫等有害气体。果有消炎、解热、凉血的功能，还可作染料（图9-26）。

图9-26　栀子花花枝、叶

27. 夹竹桃

【学　名】*Nerium indicum*

【别　名】桃树，半年红，柳叶桃。

【科　属】夹竹桃科，夹竹桃属。

【形态特征】常绿灌木，丛生或

图9-27　夹竹桃花枝

小乔木。叶革质，轮生或对生，披针形。聚伞花序，花2重瓣，桃红色、白色、黄色等，有香气。常见品种还有：白花夹竹桃，重瓣夹竹桃。

【生态习性】喜光，好肥，怕湿，不耐寒，对土壤要求不严，适应性强。

【花　期】7～10月份。

【栽培管理】梅雨季节插条繁殖。萌芽力强，耐修剪。4月份前剪除枯枝、地上萌生枝，回缩修剪较长的枝条，一般保留枝干3～5枝；6月将拥挤、伸展过长枝从基部剪掉；9月份修剪生长很强的枝条以及过密枝。保持枝丛间距留有适当的空间，清除4年以上的枝条。在北方冬季，为了防寒，将地上枝条全部剪除，保留根基30cm，再覆土盖上塑膜等。

【应　用】植株姿态潇洒似竹，大树孤植、小树群植。花开热烈，气氛似桃，花期长，故有"半年红"之称。适宜配植于道路旁、花境，庭隅、篱下。抗烟尘的能力强，因此，是工厂庭园绿化的优良树种（图9-27）。

28. 米兰

【学　名】*Aglaia odorata*

【别　名】米仔兰，树兰，鱼子兰。

【科　属】楝科，米仔兰属。

【形态特征】常绿灌木或小乔木，高4~7m，多分枝，幼嫩部分常被星状锈色鳞片。奇数羽状复叶，小叶对生，纸质，倒卵形。革质有光泽。圆锥形花序着生于新梢的叶腋，花小、黄色、芳香，盛花期在夏季。栽培的变种是四季米兰，叶小，花朵密集，可连续开花，花期较长。

【生态习性】原产于东南亚，属热带树种，我国福建两广地区较为常见。喜高温高湿的气候，不耐严寒，忌霜冻，属喜光性树种，在荫蔽条件下，生长虽较好，但开花少，香味亦淡。喜光，忌强阳光直射，稍耐阴。要求湿润、肥沃、富有腐殖质、排水良好的壤土。

【花　期】7~10月份。

【栽培管理】常用高压与扦插法繁殖。高压可在6~7月高温雨季时进行；扦插也在伏天，取半木质化的枝条，可吲哚乙酸或吲哚丁酸处理后扦插。每两周施肥一次。北方寒冷地区冬季应放温室越冬。开花多不结实，通常用无性繁殖。四季米兰多盆栽，主要采用高压法繁殖。露天栽培的少有病虫害，但盆栽的较易发生介壳虫病，发现后就要及早刮除害虫，并用石灰或硫酸亚铁等的稀溶液洗净叶片。萌芽力极强，能耐修剪。

【应　用】花芳馥浓郁，枝叶青翠婆娑，香美兼备，在庭园绿化、花台、花境及室内布景上均可广为采用。能够吸收二氧化硫及氯气等有毒气体。香味纯正，是蒸制花茶和提取香精的名贵植物（图9-28）。

图9-28　米兰花枝

29. 金柑

【学　名】*Fortunella margarita*

【别　名】金枣，罗浮，枣橘，长实金柑。

【科　属】芸香科，金柑属。

【形态特征】常绿灌木或小乔木，树冠圆形或半圆形。单身复叶互生，长卵披针形。花白色有芳香，果实橙黄色或金黄色，近矩圆形。果皮果肉

图9-29　金柑植株、果

均可食，味甜。同属种有山金豆、圆金柑、长叶金柑等，杂种有金弹、月月橘等，均为园林观果树种。

【生态习性】喜温暖湿润气候、光照充分的环境和肥沃的微酸性土壤。耐旱，稍耐阴。

【花　　期】6～8月份开花。

【栽培管理】播种、嫁接繁殖。早春新芽萌发之前进行修剪。夏秋整形，主干高度留30～60cm。已长出侧枝的幼树，保留3～5个，60cm以上的侧枝使其分布均匀，并对它们进行短截，用它们来培育中央领导枝和侧主枝。幼龄树上小而下垂的侧主枝结果较多。应尽量少剪或不剪。

【应　　用】在南方终年碧绿，果实鲜艳，春夏之际，白花满树，香气四溢，花后果实由绿变黄，金色果实压满枝条，是庭园绿化的珍贵观花植物，适宜种植花台、花箱，也是优良的观果树木。散植、丛植于庭园均可，也是寓意富贵的优良果树盆栽。果皮果肉均可食，味甜，可制药，有开胃的功效。能吸收二氧化硫、氯气等有毒气体，也是工厂庭园绿化优良树种（图9-29）。

30. 火棘

【学　　名】*Pyracantha fortuneana*

【别　　名】救兵粮，火把果。

【科　　属】蔷薇科，火棘属。

【形态特征】常绿灌木，椭圆形树冠。叶倒卵形，先端钝圆或微凹下，边缘有顿锯齿。花白色。红色球形小果，9～10月成熟。栽培品种果橙黄色的同属种有窄叶火棘、全缘火棘、细圆齿火棘、西南细圆锯火棘等。

【生态习性】分布我国各地区。喜温暖湿润气候和疏松、肥沃的酸性、中性土壤，但对土壤要求不严，也耐阴，略耐寒。

【花　　期】花期4～5月份。

【栽培管理】播种繁殖为主，因其萌芽力强，春、秋两季均可。枝密生，生长快，耐强修剪。一年中可在3～4月份、6～7月份、9～10月份进行三次修剪。7～8月份可剪去一半新芽；9～10月份剪去新生长出来的新枝；2年后，3～4月份强剪，以保持优良的观赏树形，在生长2年后的长短枝多，花芽也多，根据造型的需要，剪去长枝先端，留其基部20～30cm即可。

【应　　用】为园林常见观果树种，宜孤植、对植于花台，丛植于草坪，散植于林缘、山坡、溪畔，或点植于建筑物周围，或作绿篱植物，秋冬红果，别致宜人（图9-30）。

31. 南天竹

【学　　名】*Nandina domestica*

【别　　名】天竺，玉珊瑚。

【科　　属】小檗科，南天竹属。

【形态特征】常绿灌木，丛生状。干直立，分枝少。叶互生，椭圆披针形，深绿色冬季常变红色。花白色。果红色球形，11月份成熟，喜半阴，见强光叶变红。

【生态习性】产长江流域各地。

图9-30　火棘植株、红果

喜温暖、多湿、通风良好的半阴环境。也耐寒，要求排水良好的土壤。

【花　　期】5~7月份开放。

【栽培管理】播种繁殖。结果后2~3月份修剪。3年左右结果一次，所以结果后将无用枝从基部剪去，选留3~5根健壮枝。也可采用分枝的形式减少株干数。3~6月份主干生长过长时，可从分枝处剪去主稍，平时要及时剪去根部的萌生小枝，以利主干增粗。还要剪去老枝、拥挤枝，以利冠内通风透光。如想使主干上长出小分枝，可在叶柄之上剪去稍部，促使分枝生长。

【应　　用】是优美的观叶、观果树种，秋冬叶色变红，红果累累，经久不落。可露地或盆栽观赏，也是制作花境、花台的好材料（图9-31）。

图9-31　南天竹果枝、叶

32. 红叶石楠

【学　　名】*Photinia serrulata*

【别　　名】正木，千年红，千年红，枫药。

【科　　属】蔷薇科，石楠属。

【形态特征】常绿小乔木或灌木，幼枝棕色，贴生短毛，后呈紫褐色，最后呈灰色无毛，树干及枝条上

图9-32　红叶石楠植株

有刺。叶革质，卵状披针形，叶端渐尖而有短尖头，叶基楔形，叶缘有带腺的细锯齿；花生枝顶，复伞房花序，径1~1.2cm。梨果，黄红色。新品种红叶石楠，幼叶红色特别美观。

【生态习性】分布于中国中部和南部。喜光，稍耐阴。喜温暖，较耐寒。喜排水良好的肥沃土壤，也耐干旱瘠薄，不耐水湿。

【花　　期】花期5月份，果9~10月份成熟。

【栽培管理】播种繁殖为主，也可7~9月份扦插、压条繁殖。播种时间在翌年早春2月至3月上旬，选择肥沃、深厚、松软土壤作为苗床进行露地播种或盆播。当年苗高可达30cm，选择肥沃、深厚的土壤，带原土团进行露地移栽或盆栽。移栽时应剪除大部分叶片，只留少量嫩叶。以提高成活率。移栽后应注意保持湿润，切忌水渍。如欲盆栽整形，应在春季进行人工整形，并进行修剪控制。

【应　　用】树冠圆球形，枝叶浓密，特别是早春嫩叶鲜红，秋冬又有红果，适宜布置花境、花篱、花墙，是室内外绿化的美丽观赏树种。枝叶繁茂较厚，有很强的减弱噪声的作用。能分泌出一定量的杀菌物质，可用来消暑，防腐和防臭。能吸收二氧化硫、汞蒸气、氟气等有毒气体，是一种抗有毒气体能力较强树种（图9-32）。

33. 红花檵木

【学　名】*loropetalum chinense var.*

【别　名】红桎木，红檵花。

【科　属】金缕梅科，檵木属。

【形态特征】常绿灌木或小乔木。嫩枝被暗红色星状毛。叶互生，革质，卵形，全缘，嫩枝淡红色，越冬老叶暗红色，先端短尖，基部圆而偏斜，不对称，两面均有星状毛花。4～8朵小花簇生于总状花梗上，呈顶生头状花序，花瓣4枚，淡紫红色，带状线形，花期长，约30～40天，国庆节能再次开花。

【生态习性】主要分布于长江中下游及以南地区。喜光，稍耐阴，但阴时叶色容易变绿。适应性强，耐旱。喜温暖，耐寒冷。萌芽力和发枝力强，耐修剪，耐瘠薄，但适宜在肥沃、湿润的微酸性土壤中生长。

【花　期】花期4～5月份，果期9～10月份。

【栽培管理】播种或嫁接繁殖。亦可挖掘山野中遭砍伐而残存的老桩，经整形制作古老奇特树桩盆景。

【应　用】红花檵木常年叶色鲜艳，枝盛叶茂，特别是开花时瑰丽奇美，极为夺目，是花、叶俱美的观赏树木。常用于色块布置或修剪成球形，红花檵木枝繁叶茂，树态多姿，布置园林路旁，点缀花坛中心景观更加美丽。木质柔韧，耐修剪蟠扎也是制作盆景的好材料（图9-33）。

图9-33　红花檵木开花时球形植株

34. 茉莉花

【学　名】*Jasminum sambac*

【别　名】茉莉。

【科　属】木犀科，素馨属。

【形态特征】直立或攀援灌木，高达3m。小枝圆柱形或稍压扁状，有时中空。叶对生，单叶，叶片纸质，圆形、椭圆形、卵状椭圆形或倒卵形，两端圆或钝，基部有时微心形，裂片长圆形至近圆形，先端圆或钝。果球形，呈紫黑色。聚伞花序顶生，通常有花3朵，有时单花或多达5朵；花极芳香；花冠白色，花冠裂片长圆形至近圆形，先端圆或钝。

【生态习性】性喜温暖湿润，在通风良好、半阴的环境生长最好。土

图9-34　茉莉花开花植株

壤以含有大量腐殖质的微酸性沙质土壤最为适合。大多数品种畏寒、畏旱，不耐霜冻。冬季气温低于3℃时，枝叶易遭受冻害，如持续时间长就会死亡。而落叶藤本类很耐寒耐旱。

【花　　期】花期5~8月份，果期7~9月份。

【栽培管理】扦插繁殖，于4~10月份进行，选取成熟的1年生枝条，剪成带有两个节以上的插穗，去除下部叶片，插在泥沙各半的插床，覆盖塑料薄膜，保持较高空气湿度，约经40~60天生根。压条繁殖选用较长的枝条，在节下部轻轻刻伤，埋入盛沙泥的小盆，经常保湿，20~30天开始生根，2个月后可与母株割离成苗，另行栽植。

【应　　用】适宜园林绿化，配置花境、花箱，多用盆栽。点缀室内，清雅宜人，还可加工成花环等装饰品。为著名的花茶原料及重要的香精原料；花、叶药用治目赤肿痛，并有止咳化痰之效（图9-34）。

35. 凌霄

【学　　名】*Campisis grandiflora*

【别　　名】紫葳，鬼目，凌召，堕胎花，女葳花，武藏花。

【科　　属】紫葳科，凌霄属。

【形态特征】落叶木质藤本，长可达10m，具多气根。奇数羽状复叶对生，小叶7~9枚，边缘有锯齿。顶生圆锥花序，小花漏斗形钟状，金红色，朝开暮落，同属的还有美国凌霄，花较小，橘红色。

【生态习性】喜阳光充足、温暖湿润的环境，不耐寒冷。对土壤要求不严，但不耐阴湿，怕积水。

【花　　期】7~9月份。

【栽培管理】4~5月份进行插条、分株繁殖。因节间极易生根，以插条繁殖为主，春、秋两季宜移植，定植，春季发芽前和花后进行适当修剪。冬季施入基肥，开花前再施一次氮肥或腐熟的有机肥，可使凌霄枝繁、叶茂、花色鲜艳。

【应　　用】凌霄是春、夏名花，干茎节生有气根，可攀附花架、墙壁、假山等，如需直上应立支架，是园林中常用的攀附棚架植物。在老树上攀附可使老树富有生气。但花粉有毒，配置时需加注意（图9-35）。

图9-35　凌霄花、叶、花枝

36. 木香

【学　名】*Rosa banksiae*

【别　名】木香花。

【科　属】蔷薇科，蔷薇属。

【形态特征】常绿或落叶藤本。无刺或有疏刺，木香的皮初为青色，后变褐色。羽状复叶，互生，小叶5~6枚，卵状披针形，长2~5cm，托叶线性。伞形花序花3~15朵，具香气，果小球形，果成熟后红色。变种还有：白花木香、黄花木香、重瓣木香等。

【生态习性】亚热带树种，性喜光，不怕热，耐寒，喜生长在温暖的小气候环境中，适宜排水良好的沙质壤土。

【花　期】4~5月份。

【栽培管理】播种繁殖。在花架上部剪去枯枝、过密枝，逐渐以新枝代替老枝。保持枝冠部的通风。夏季喷波尔多液预防黑星病。

【应　用】木香藤繁、叶茂、花色鲜艳，适于庭园的前庭、窗外花架、花格等处垂直绿化（图9-36）。

图9-36　木香开花植株

37. 金银花

【学　名】*Lonicera japonica*

【别　名】金银藤，忍冬，二苞花，鸳鸯藤通灵草，忍冬藤。

【科　属】忍冬科，忍冬属。

图9-37　金银花开花植株

【形态特征】半常绿木质藤本，小枝中空外面生有短柔毛。叶对生卵形，全缘，长3~8cm。花生叶腋，花梗长，花冠两唇形，开始为白色稍带有紫晕，后变为黄色而带有紫斑，具清香。其变种有白金银花、红金银花、紫脉金银花、黄脉金银花。

【生态习性】亚热带及温带植物，喜光但也能耐阴、耐寒、耐干旱，又耐水湿，适宜在深厚沙质土壤中生长。对土壤适应性较强，微酸或微碱性土壤均能生长良好。萌蘖力强，茎蔓着地即可生根。

【花　期】花期4~9月份。

【栽培管理】播种、插条、压条和分株法繁殖均可。冬季施入基肥，初春施2~3次液肥。疏剪过密枝，修剪老弱病残枝，也可根据造型需要注意修剪。栽培中应立架使其攀援，管理比较粗放。冬季施入基肥，初春施2~3次液肥。疏剪过密枝，修剪老弱病残枝，也可根据造型需要注意修剪。

【应　用】夏季开出两种颜色的花，清香扑鼻，从而减轻暑热之感。适于庭园花架、花篱、花墙、凉台、绿廊的垂直绿化。另外，由于萌发力强，易修剪成灌木状，点缀庭园一隅。它还是盆栽的好材料，也可支架造型，陈设室内、客厅等，均清香四溢。能分泌出一定量的杀菌物质，分泌出来的杀菌素能够杀死空气中的某些细菌，抑制结核、痢疾病原体和伤寒病菌的生长，可用来消暑、防腐和防臭，使室内空气清洁卫生。冬季嫩叶微红，经冬不落，春夏开花，白黄相映，具有层层叠叠似翡翠、串串葡萄晶莹闪光的景观（图9-37）。

38. 三角梅

【学　名】*Bougainvillea spectabilis*

【别　名】九重葛，贺春红，红包藤，四季红。

【科　属】紫茉莉科，叶子花属。

【形态特征】藤状灌木，茎粗壮，枝下垂，刺腋生。叶片纸质，卵状披针形，顶端急尖或渐尖，基部圆形形，下面有柔毛。花生枝端3个苞片内，花梗与苞片中脉贴生，每个苞片上生一朵花；苞片叶状，紫色或洋红色，长圆形或椭圆形。

【生态习性】喜光照，喜疏松肥沃的微酸性土壤，忌水涝。喜温暖湿润气候，不耐寒，在3℃以上才可安全越冬，15℃以上方可开花。生长适温为15~30℃，在夏季能耐35℃的高温。

【花　期】花期冬春间，北方温室栽培3~7月份开花

【栽培管理】炎夏和冬季因植株生长缓慢或休眠，应停止施肥，以免造成肥害。寒冬需将其移到室内，否则会使其冻伤。

【应　用】苞片大，色彩鲜艳如花，且持续时间长，宜庭园种植或盆栽观赏。还可作盆景、绿篱及修剪造型。在南方用作围墙的攀援花卉栽培。每逢新春佳节，绿叶衬托着鲜红色片，仿佛孔雀开屏，格外璀璨夺目。北方盆栽，置于门廊、庭园和厅堂入口处，十分醒目。可用作切花。一年能开花两次，在华南地区可以采用花架，供门或高墙覆盖，形成立体花卉，北方作为盆花主要用于冬季观花（图9-38）。

图9-38　三角梅开花植株

39. 一品红

【学　名】*Euphorbia pulcherrima*

【别　名】象牙红，老来娇，圣诞花，圣诞红，猩猩木 。

【科　属】大戟科，大戟科属。

【形态特征】灌木，茎直立，高1~3m，直径1~4cm。叶互生，卵状椭圆形、长椭圆形或披针形，先端渐尖或急尖，基部楔形或渐狭，叶背被柔毛；苞叶5~7枚，狭椭圆形，长3~7cm，宽1~2cm，通常全缘，朱红色。聚伞花序排列于枝顶，总苞坛状，淡绿色，蒴果，三棱状圆形。

【生态习性】短日照植物，喜温暖，冬季温度不低于10℃；喜湿润，对水分的反应比较敏感，

生长期要水分供应充足；喜阳光，在茎叶生长期需充足阳光，促使茎叶生长迅速繁茂。喜疏松、排水良好的土壤。

【花　期】花果期10月份至次年4月份。

【栽培管理】扦插繁殖，主要有半硬枝扦插、嫩枝扦插、老根扦插，在清晨剪取为宜。此时插穗的水分含量较为充足。剪切插穗时，要求切口平滑，并且要剪去劈裂表皮及木质部，以免积水腐烂，影响愈合生根。

【应　用】花色鲜艳，花期长，正值圣诞、元旦、春节开花，盆栽布置室内环境可增加喜庆气氛；也适宜布置会议等公共场所。南方可露地栽培，配置花境、花坛景观，美化庭园，也可作盆花、切花装饰室内（图9-39）。

40. 金丝桃

【学　名】*Hypericum monogynum*

【别　名】土连翘，狗胡花，金线蝴蝶，过路黄，金丝海棠，金丝莲。

【科　属】藤黄科、金丝桃属。

【形态特征】半常绿灌木，丛状或通常有疏生的开张枝条。茎红色，小枝纤细且多分枝。叶纸质、无柄、对生，倒披针形，边缘平坦，坚纸质，上面绿色，下面淡绿但不呈灰白色，叶片腺体小而点状。聚伞花序着生在枝顶，花色金黄，其呈束状纤细的雄蕊花丝也灿若金丝。

【生态习性】温带树种，喜湿润半阴之地，不耐寒。

【花　期】花期6~7月份。

图9-39　一品红植株

【栽培管理】常用分株繁殖、扦插和播种法繁殖。分株在冬春季进行，较易成活，扦插用硬枝，宜在早春孵萌发探前进行，但可在6~7月份取带踵的嫩枝扦插。播种则在3~4月进行，因其种子细小，播后宜稍加覆土，并盖草保湿，一般20天即可萌发，头年分栽1次，第二年就能开花。北方地区应将植株种植于向阳处，并于秋末寒流到来之前在它的根部拥土，以保护植株的安全越冬。

【应　用】金丝桃花叶秀丽，是南方庭园的常用观赏花木。可植于林

图9-40　金丝桃开花植株

荫树下，或者庭园角隅等。该植物的果实为常用的鲜切花材。金丝桃花叶秀丽，花冠如桃花，雄蕊金黄色，细长如金丝绚丽可爱。叶子很美丽，长江以南冬夏常青，是南方庭园中常见的观赏花木。植于庭园假山旁及路旁，或点缀草坪。配植于玉兰、桃花、海棠、丁香等春花树下，可延长景观；若种植于假山旁边，则柔条袅娜，花开烂漫，别饶奇趣。常配置花境、花箱，或盆栽观赏，花时一片金黄，鲜明夺目，妍丽异常（图9-40）。

41. 大绣球

【学　名】*Viburnum macrocrphalum*

【别　名】八仙花，紫阳花，木本绣球，斗球，绣球花迷，蝴蝶花。

【科　属】忍冬科，荚蒾属。

【形态特征】落叶或半常绿灌木，成丛生长，小枝开展，树冠半球形。单叶对生，卵形或椭圆形，基部心形或圆形，具细齿，背面疏生星状毛。花序球状，全部为白色大形不孕花，呈大雪球状，极美观。不结实。同属有斗球，又叫粉团或雪球荚蒾，花较小。

【生态习性】华北南部可陆地栽培。喜光略耐阴，较耐寒。宜在湿润、肥沃、疏松土壤上生长。

【花　期】5~6月份。

【栽培管理】多用压条或扦插繁殖，均在春季进行。花后，6月中旬进行修剪。因为萌芽力一般，所以不必强剪。通过整形修剪主干高度保持在1~2m。保持完好的整形树形。去年的长枝生有短枝，花生在短枝先端。

【应　用】树姿舒展呈半圆形，球状白花满树，犹如白雪压枝，引人注目。适宜孤植草坪以及堂前屋后、墙下窗外、花台、花境，为优良的庭园观花树种（图9-41）。

图9-41　大绣球开花植株

42. 锦带花

【学　名】*Weigela florida*

【别　名】五色海棠，海仙花，五色海棠。

【科　属】忍冬科，锦带花属。

【形态特征】落叶灌木，幼枝有柔毛。叶对生，具有短柄，叶片椭圆形，两侧主侧有绒毛。花成聚伞花序着生在枝梢顶端或叶腋，花冠漏斗状钟形，初为白色或粉红色，后变为深红色。其种子细小无翅，它花色多变，花期又长，一枝横出，灿若锦带，有五色海棠之称。蒴果柱状，种子细小。

图9-42　锦带花开花植株

【生态习性】原产我国长江流域，好温暖也耐寒，喜阳也稍耐阴，喜含腐殖质多排水良好的土壤。耐寒、耐旱、也耐强光。对土壤要求不严，在肥沃湿润深厚的沙壤土中生长尤为健壮。

【花　　期】花期4～5月份，果期10月份。

【栽培管理】锦带花的繁殖常用扦插和分株法，也可播种、压条。硬枝扦插可在萌发前取一年生健壮枝长20cm左右。扦入土中一半，然后浇透水，以后经常保持土壤湿润即可。梅雨季节可用嫩枝扦插，成活率也高。分株在早春和秋冬进行。压条全年都可进行，通常在花后选下部枝条下压。

【应　　用】锦带花枝长花茂，灿如锦带。花期正值春花凋零、夏花不多之际，花色艳丽而繁多，故为东北、华北地区重要的观花灌木之一，又是庭园中优良配置树种，其花红似燃，故适于绿丛中植之，也宜在草地丛植，庭园房前屋后丛植或孤植均相宜，常植于庭园角隅、公园湖畔，也可在林缘、树丛边，作花篱、花坛、花境、花丛，点缀在山石旁，或植于山坡上也相宜。花枝可供插花使用。对氯化氢抗性强，是良好的抗污染树种（图9-42）。

43. 侧柏

【学　　名】*Platycladus orientalis*

【别　　名】扁柏、香柏。

【科　　属】柏科、侧柏属。

【形态特征】常绿乔木，高可达15～20m，树冠尖塔形，老树宽广圆形；小枝扁平，排成一平面。鳞状叶交互生对生，叶背中部有腺槽。球花单生小枝顶端；球果卵形，种鳞4对，成熟前绿色，成熟后木质，红褐色，开裂。品种很多，有千头柏、金塔柏、洒金柏、北京侧柏、金叶千头柏、窄冠侧柏等。

【生态习性】我国特产，原产华北、东北，分布几遍全国。喜光，也耐阴，喜温暖湿润气候，也耐多湿，耐旱，耐寒。适应性很强，喜排水良好而湿润的深厚土壤，对土壤要求不高。

【花　　期】3～4月，果10～11月成熟。

【栽培管理】可用播种或扦插繁殖。侧柏通常以播种为主，栽培土以肥沃之壤土最佳，全日照、半日照均能生长，但日照充足生长旺盛。

【应　　用】侧柏的变种很多，且有特殊的观赏价值。同时可作为大气污染地区的绿化树、庭园绿化树，或修剪成各式绿篱，树姿优美，配置花境，点缀花坛、花台，供观赏。枝叶、根皮入药，有止血、祛风湿、利尿、止咳等效。

叶子能分泌出杀菌素（图9-43）。

44. 五针松

【学　　名】*Pinus parviflora*

【别　　名】日本五须松，五钗松。

【科　　属】松科，松属。

【形态特征】常绿乔木，树皮暗灰色，裂成鳞状脱落。小枝黄褐色，有疏毛；冬芽褐色。树冠呈椭圆形。叶蓝色，有白色气孔线，针状微弯，较短，五针一束，簇生于枝端。蓝绿

图9-43　侧柏球树植株、果枝

色，长3.5～5.5cm。球果卵形或卵状椭圆形，淡褐色；种鳞长圆状倒卵形，先端圆；种子倒卵形，长约1cm，有长翅。

【生态习性】温带树种，能耐阴，但忌潮湿，不耐热，适生于微酸性旱地炭化黄壤或山地。喜温暖干燥和阳光充足环境，耐寒性强，不耐湿，稍耐阴，需深厚、肥沃和排水良好的壤土。喜山腹干燥地，畏热。

【花　期】花期4～5月份，种子第二年6月份成熟。

【栽培管理】2～3月份播种或嫁接育苗繁殖。因为松类萌芽力不强，所以整枝修剪应在秋到冬季进行，这时新芽生长结束，老叶已落，树液流动缓慢。一般松类观赏树木常用摘绿和揪叶的方法，来提高观赏价值。摘绿，春末进行。因松树的芽轮生，在同一高度会长出多枚小枝。摘绿，是保留不同方向的1～2枚芽，从先段再剪去1/3，其余用手摘去。因最初长出的新绿一般无用，摘掉后叶从基部长出，便形成美丽的密生枝；揪叶，秋天进行。对过度茂盛的枝叶进行揪叶，其方法是用左手抓住枝端，右手将树叶向下抹。揪叶后，使冠内通风透光，促使枝条长出更多的新芽。

图9-44　五针松植株

【应　用】五针松树姿端庄优美，枝叶细密浓绿，可配植在公园、庭园等处。制作盆景、花箱，装点室内外，创造能小中见大的景观。适用于室内、案头、阳台和茶几陈列，地栽点缀园景也别致幽雅。叶子具有抑菌能力，能分泌出杀菌素，杀死空气中的细菌（图9-44）。

45. 丝兰

【学　名】*Yucca filamentosa*

【别　名】菠萝花。

【科　属】百合科，丝兰属。

【形态特征】常绿灌木。叶在基部簇生，革质较软，有白粉，披针形，边缘具有卷曲白丝。花白色，圆锥形花序，从基部抽花莛，塔形状花序，花形美丽又诱人。同属还有凤尾兰，又名菠萝花，叶较坚硬，花小乳白色，蒴果不开裂；千手兰，也革质较硬，变种有黄绿叶千手兰等。

图9-45　丝兰开花植株

【生态习性】耐寒性强，对土壤要求不严，但以排水良好的沙质土壤为好。

【花　期】5～6月份、10月份两次开花。

【栽培管理】分株、扦插、播种繁殖。3～4月份修剪。因为生长后易倒，所以常在幼时从基部剪除，以利于从根部生出小株，相互交叉错落生长，每年从基部剪掉老叶和开花后的花葶。如基部有新株长出，可在老干中部切除。

【应　用】四季常绿，花期较长，芳香宜人，是优良的观赏树种。在庭园草地上一隅，可植于假山旁或岩石园中，也可点缀花坛中心，极为美观。叶可作纤维。能吸收二氧化硫、氟等有毒气体，对氟化氢、氯气、氨气等均有很强的抗性和吸收能力（图9-45）。

46. 苏铁

【学　名】*Cycas revolute*

【别　名】铁树，凤尾蕉，凤尾松，避火蕉。

【科　属】铁树科，苏铁属。

【形态特征】常绿小乔木，单干式树形。大型羽状复叶簇生茎顶，复叶由多数细长小叶组合而成，线形小叶边缘反卷，革质，深绿色，有光泽。花无花被，雌雄异株，雄球花圆柱形生长于茎端，雌球花也顶生，有褐色毛密生。果实呈朱红色，种子核果状。同属还有刺叶苏铁，叶大羽片状。

【生态习性】产我国南部，性喜光，喜温暖湿润通风良好的沙质土壤。深根性树种，抗风能力强。

【花　期】8月份开花。

【栽培管理】播种、分蘖、埋茎繁殖。每年5月份新叶从干的先端长出。三四年生的老叶逐渐老化变枯。5～6月份可将枯叶、老叶从干的顶部剪除。北方寒冷地区，冬季应加防寒措施。新叶有时会有黄化、细长。扭曲、腐烂、小叶不展等不良现象，其主要原因是光照不足。解决以上问题主要做法是：在茎顶耳毛展开新叶抽发时，要保证充分阳光照射，使其正常发育生长，以提高观赏价值。

【应　用】枝叶繁茂常年绿色，树形优美，浓绿色羽状复叶生于冠顶，单干粗壮形成美丽的叶冠，茎干粗壮直立，挺拔秀丽，可植于花坛中央创造主题花坛。适合制作花箱、盆栽装饰门厅、会场等处。能够吸收二氧化硫、苯等有毒气体，适用于厂区庭园绿化（图9-46）。

47. 棕榈

【学　名】*Trachycarpus fortunei*

【别　名】棕树。

【科　属】棕榈科，棕榈属。

【形态特征】常绿乔木，单干式树形，干圆柱形，耸直而不分枝，干皮生有棕色皮，棕皮剥落后即有环状痕迹。树冠伞形，叶生干顶端向外开展，叶形掌状如扇，柄长40～100cm，

图9-46　苏铁植株、雄花、雌花

两侧有细齿，有高低起伏是皱褶，先端分裂50cm左右，每小裂片先端有两小裂。花单性，雌雄异株，肉穗花序，淡黄色花。核果球形，有青色逐渐变为黑色。

【生态习性】阴性树种，喜温暖湿润、肥沃的黏质土壤。耐寒、耐阴。幼树可在背阴处生长良好。

【花　期】4～5月份，11月份成熟。

【栽培管理】播种繁殖。该树无分枝，只有扇形叶片生长在单干的顶部。因此，可随时剪修下垂的枯叶。另外，秋季可将黑色果枝从基部剪去。

【应　用】树干挺拔秀丽，树冠较小，适宜成片或小空间种植。庭园中可植于建筑物前、路旁等。抗有害气体较强，适于工厂庭园绿化。也可盆栽布置室内。对汞蒸气具有很强的吸收功能，能吸收二氧化硫、氟等有毒气体，还能吸收电视机散发出的溴化三苯并呋喃，可作净化大气污染的树种。树皮棕毛可作棕绳、地毯等（图9-47）。

48. 海桐

【学　名】*Pittosporum tobira*

【别　名】七里香，水香，山瑞香，宝珠香。

【科　属】海桐科，海桐属。

【形态特征】常绿灌木或小乔木圆球形。叶互生或轮生状，厚革质，倒卵形，先端钝，平滑无毛，边缘为外卷状，表面绿色，有光泽，背面苍白色，新叶嫩黄。果实球形，初为绿色，后变黄色，成熟后开裂，露出红色种子，有黏胶质。

【生态习性】亚热带树种，较耐旱、耐寒、耐阴，喜温暖湿润环境。

【花　期】4～5月份开白色小花。

【栽培管理】播种繁殖，成活率高。6月进行整形修剪为宜。因为这时萌芽力强，可长出新枝。夏季应摘心防止徒长。如秋季修剪，新枝已停止生长，萌芽慢，会使树木生长势变弱。也可以将树冠修剪成各种造型。北方冬季入温室越冬，注意通透光。

【应　用】适宜布置在园路交叉

图9-47　棕榈植株、花

图9-48　海桐花枝、叶

点及转角处的花台，或花坛中心、草地一隅、大树附近，桥头两边等处种植。能抗海潮海风，是沿海庭园绿化的好树种。可以修剪成各种几何形状点缀庭园草坪，或作绿篱。叶子能释放出挥发性乙醛、乙酸等有机物，对病菌抑制能力较好；枝叶具有吸收二氧化硫、氯气、臭氧等有毒气体和吸滞粉尘、隔声的功能；对汞蒸气也具有很强的吸收功能；对有毒气体抗性较强，适于工厂庭园绿化（图9-48）。

49. 大叶黄杨

【学　名】*Euonymus japonicus*

【科　属】卫矛科，卫矛属。

【别　名】黄杨，正木，冬青卫矛，四季青，黄爪龙树。

【形态特征】常绿灌木或小乔木，树冠球形。叶革质对生，倒卵形，狭长椭圆形，叶上面深绿色，背面淡绿色，表面有光泽。花绿白色。种子红色。变种很多，如长叶大叶黄杨、葡萄大叶黄杨、金边大叶黄杨、银边大叶黄畅、金斑大叶黄杨、绿斑大叶黄杨等。

图9-49　大叶黄杨花枝、果

【生态习性】亚热带及温带树种。对土壤要求不严，在干湿、沙、瘠薄及潮水浸湿地均能生长。较耐寒，适应性强，喜光，也能耐阴，喜温暖湿润的海洋性气候及肥沃湿润土壤。生长较慢，寿命长。

【花　期】5~6月份。

【栽培管理】扦插、播种、压条、嫁接繁殖均可。萌发力强。定植后，可在生长期内根据需要进行修剪。第一年在主干顶端选留两个对生枝.作为第一层骨干枝；第二年，在新的主干上再选留两个侧枝短截先端，作为第二层骨干枝。待上述5个骨干枝增粗后，便形成疏朗骨架。球形树冠修剪，一年中反复多次进行外露枝修剪，形成丰满的球形树。

【应　用】园林中常作绿篱或丛植、对植、孤植等。大叶黄杨枝叶密集，四季常青，叶色亮绿，且有许多花叶、斑叶变种，是美丽的观叶树种。生性强健，一般作绿篱种植，也可修剪成球形，用于花坛中心或对植于门旁。亦是基础种植、街道绿化和工厂绿化的好材料。其花叶、斑叶变种更宜盆栽、制作花箱，用于室内外绿化及会场装饰等。对各种有毒气体及烟尘有很强的抗性，枝叶浓密有隔噪声，吸滞粉尘、汞蒸气、氟化物等有毒气体功能（图9-49）。

（三）一二年生草本花卉

全株的寿命一年内或跨年度结束。

50. 万寿菊

【学　名】*Tagetes erecta*

【别　名】臭芙蓉，万寿灯。

【科　属】菊科，万寿菊属。

【形态特征】一年生草本植物。株高60～100cm。茎粗壮有沟槽，多分枝。叶对生或互生，羽状全裂，裂片披针形或长矩圆形，有锯齿，叶缘背面具油腺点，有强臭味。头状花序单生，花梗顶端膨大如棒状，花径6～10 cm。花色有淡黄、柠檬黄、金黄、橙黄至橙红，或心部呈黑褐色或赤褐色等品种。

【生态习性】原产墨西哥，我国各地均有栽培。万寿菊喜欢生长在阳光充足的环境，几乎所有土地均可培植，耐寒性好。

【花　期】花期6～10月份。

【栽培管理】播种繁殖，性喜温暖，要求阳光充足，抗性强，对土壤要求不严，耐移植，栽培容易，病虫害少。种子发芽适温15～20℃，约经5～10天发芽，真叶发至2～3枚时假植于软盆中，经追肥1～2次，苗高8～10cm时可定值。苗高15cm时摘心1次，促使分枝，能多开花；若要控制开花数量和大小，侧枝可用摘心和摘芽。生长适温10～30℃。

【应　用】花大而美丽，多重瓣，花期较长，花色以金黄为基调，是亚洲很常见的花种。适宜于布置花坛、花境，或盆栽。也是优良的切花材料。花叶可入药，有清热化痰、补血通经、去瘀之功效（图9-50）。

图9-50　万寿菊花、叶

51. 金盏菊

【学　名】*Calendula officinalis*

【别　名】长生菊。

【科　属】菊科，金盏菊属。

【形态特征】一年生草本，株高30～50cm，全株被柔毛，茎直立，多分枝。叶全缘，互生。茎的上部叶，长椭圆形，长5～8cm，宽1～2cm，先端钝或尖，基部略微抱茎；下部叶，匙形，长7～12cm，宽1～3cm，先端钝圆，基部渐狭。头状花序，单生枝顶，橘黄色。

【生态习性】原产南欧，喜夏季

图9-51　金盏菊花、叶

凉爽的气候。有一定耐寒力，小苗能抗-9℃低温，但大苗易遭冻害。

【花　期】4~7月份。

【栽培管理】用种子繁殖，也可用扦插繁殖。7月份采摘褐色种子，晾干后，放在干燥、凉爽的地方保存。2月份在温室或室内用花盆育种，3月底可移植到花圃中养护，4月份可开花供欣赏。早春季节，要注意每天浇水，以保证苗壮成长。平时注意剪去残花，可延长花期。

【应　用】花开时像一盏盏金色的盘子，故名金盏花。春季开花，尤其是"五一"节，以其金灿灿的艳丽姿色装扮花坛、花境、花箱，也是插花的重要花材，深受人们喜爱（图9-51）。

52. 雏菊

【学　名】*Bellis perennis*

【别　名】春菊，马兰头花，延命菊，春菊，五月菊。

【科　属】菊科，雏菊属。

【形态特征】多年生或一年生葶状草本，高10cm左右。叶基生，匙形，顶端圆钝，基部渐狭，上半部边缘有疏钝齿或波状齿。头状花序单生，花葶被毛。半球形的花朵有洋红色、玫红色和白色，并且都镶有金黄色的花蕊。

【生态习性】全国各地栽培，性喜冷凉气候，忌炎热。喜光，又耐半阴，对栽培地土壤要求不严格。

【花　期】3~6月份。

【栽培管理】雏菊生长势强，易栽培。可采用分株、扦插、嫁接、播种等多种方法。当年开花，花期长，是非常优秀的秋季和早春开花植物。

【应　用】早春开花，生机盎然，但是却非常吸引人们的眼球，花梗高矮适中，花朵整齐，色彩明媚素净，可做花箱美化庭园阳台，也可用作花坛、花境、切花、园林观赏等。与三色堇混合栽培的最佳搭档（图9-52）。

图9-52　雏菊花、叶

53. 矢车菊

【学　名】*Centaurea cyanus*

【别　名】蓝芙蓉，翠兰，荔枝菊。

【科　属】菊科，矢车菊属。

【形态特征】一二年生草本植物，高可达70cm，直立，茎枝灰白色。基生叶，全部茎枝灰白色，被蛛丝状卷毛，茎叶倒披针形，不分裂。顶端伞房花序或圆锥花序，盘花，蓝色、白色、红色或紫色。

图9-53　矢车菊开花植株

【生态习性】原产欧洲，适应性较强，喜欢阳光充足，不耐阴湿，须栽在阳光充足、排水良好的地方，否则常因阴湿而导致死亡。较耐寒，喜冷凉，忌炎热。喜肥沃、疏松和排水良好的沙质土壤。

【花　　期】2～8月份。

【栽培管理】春秋播种，以秋播为好。9月中下旬播种在备好的苗床里，覆土以不见种子为度，稍加压实，盖上草、浇足水，经常保持土壤湿润，发芽后去盖草。待幼苗具6～7片小叶时，可移栽或定植，株距约30cm，到第二年三月停止施肥以待开花。

【应　　用】植株挺拔，花梗长，色彩丰富，适于作切花，也可作布置花箱。矮型植株可用草地镶边。高型品种也可以与其他草花相配布置花坛及花境。也可成片植于路旁或草坪内，株型飘逸，花态优美，非常自然（图9-53）。

54. 藿香蓟

【学　　名】*Ageratum conyzoides*

【别　　名】胜红蓟，一枝香。

【科　　属】菊科，藿香蓟属。

【形态特征】一年生草本，高50～100cm，茎粗壮淡红色，或上部绿色，被白色柔毛。叶对生，有时上部互生，卵形或长圆形，有时植株全部叶小形。头状花序4～18个在茎顶排成通常紧密的伞房状花序，花冠檐部5裂，淡紫色。

【生态习性】由低海拔到2800 m的地区都有分布。喜温暖、阳光充足的环境。对土壤要求不严。不耐寒，在酷热下生长不良。喜欢湿润或半燥的气候环境，要求生长环境的空气相对温度在50%～70%。

【花　　期】花果期全年。

【栽培管理】播种，扦插繁殖，藿香蓟幼苗出现2～4个分枝时进行定植盆栽。花期长，要保持株型矮、紧凑，多花美观，必须进行多次摘心。不耐寒，在霜冻来临前要移入室内，放阳光充足地方，夜间温度应在5℃以上，白天温度10～15℃便能正常生长开花。每隔3～5天浇1次水，每半月浇1次稀饼肥。

【应　　用】株丛繁茂，花色淡雅、常用来配置花坛和地被，也可用于小庭园、路边、岩石旁点缀。可作盆栽，也可用于切花插瓶或制作花篮，供花坛、花境、花箱、地被、缀花草坪等（图9-54）。

图9-54　藿香蓟开花植株

55. 瓜叶菊

【学　　名】*Pericallis hybrida*

【别　　名】富贵菊，黄瓜花。

【科　　属】菊科，瓜叶菊属。

【形态特征】多年生草本，常作1～2年生栽培。20～90cm不等。叶片大形如瓜叶，绿色光亮。头状花序多数聚合成伞房花序，花序密集覆盖于枝顶，常呈锅底形，花色丰富，除黄色其他颜色均有，还有红白相间的复色。

【生态习性】原产大西洋加那利群岛，中国各地广泛栽培。性喜温暖、湿润通风良好的环境。

【花　期】1～4月份。

【栽培管理】播种繁殖，8月份浅播于盆面，温度保持20～25℃，10～20天发芽，从播种到开花需6个月。重瓣品种以扦插为主，在植株上部剪去后，取茎部萌发的强壮枝条，在粗沙中扦插。喜光性植物，阳光充足，叶厚色深，花色鲜艳，但阳光过分强烈，也会引起叶片卷曲，缺乏生气。由于瓜叶菊叶片大而薄，需保持充足水分，但又不能过湿，以叶片不凋萎为宜。

【应　用】其花朵鲜艳，可作各种花境栽植，或花坛、花箱植株，布置于庭廊过道，给人以清新宜人的感觉。花期早，在寒冬开花尤为珍贵，花色丰富鲜艳，开花整齐，花形丰满，适宜盆栽，作为室内陈设。瓜叶菊的花语是：喜悦，快活，快乐，合家欢喜，繁荣昌盛。适宜在春节期间送给亲友，此花色彩鲜艳，体现美好的心意（图9-55）。

56. 百日草

【学　名】*Zinnia elegans*

【别　名】步步高，节节高，对叶梅，五色梅。

【科　属】菊科，百日草属。

【形态特征】为一年生草本植物，茎直立粗壮，上被短毛。叶对生无柄，叶基抱茎，叶形为卵圆形至长椭圆形，全缘。头状花序单生枝端，梗甚长。舌状花多轮花瓣呈倒卵形，有白、绿、黄、粉、红、橙等色，管状花集中在花盘中央黄橙色，边缘分裂。瘦果，广卵形至瓶形。品种类型很多，按花型常为大花重瓣型、纽扣型、鸵羽型、大丽花型、斑纹型、低矮型。

【生态习性】原产北美、墨西哥及南美等地，喜温暖，不耐寒，怕酷暑，性强健，耐瘠薄，耐干旱，忌连作。宜阳光充足，在长日照条件下舌状花增多。要求排水良好、疏松、肥沃的土壤。根深，茎不易倒伏。生长期适温15～30℃，适合北方栽培。

图9-55　瓜叶菊开花植株

图9-56　百日草开花植株

【花　期】花期6~9月份，果熟期8~10月份。

【栽培管理】以种子繁殖为主，发芽适温20~25℃，7~10天萌发，播后约70天开花。真叶2~3片移苗，4~5片摘心，经2~3次移植后可定植。

【应　用】矮型品种用于花坛，也可作盆栽观赏。高型品种可用于切花，水养持久。因花期长，可按高矮分别用于花坛、花境、花带。也常用于盆栽布置室内会场舞台和讲台。叶片花序可以入药，有消炎和祛湿热的作用（图9-56）。

57. 茼蒿菊

【学　名】*Chrysanthemum frutescens*

【别　名】蓬蒿菊，木茼蒿。

【科　属】菊科，茼蒿属。

【形态特征】多年生草本或亚灌木，株高60~100 cm，全株光滑无毛，多分枝，茎基部呈木质化，单叶互生，为不规则的二回羽状深裂，裂片线形，头状花序着生于上部叶腋中，花梗较长，舌状花1~3轮，白色或淡黄色，筒状花黄色。

【生态习性】原产于非洲加那列亚岛，喜凉爽湿润环境，阳性，不耐炎热，怕水涝，夏季炎热时叶子脱落，耐寒力不强，冬季需保护越冬，要求土壤肥沃且排水良好。

【花　期】盛花期4~6月份。

【栽培管理】播种繁殖，栽种密度为每平方米9~12株，如果只摘心一次，定植后浇透水一次。当小苗高约6cm时摘心一次，待分枝高10cm时再摘心一次，以促发新枝、提高产量。在施肥选择方面，氮肥多易造成徒长，可在生长旺季每周追施1次富含磷、钾的液肥。喜阳光，每天保证不少于6小时的直射阳光，温度控制在12~20℃，以获得最好效果。同时要防治病虫害，要注意防治蚜虫。

【应　用】适用于多种野花组合类型，也适宜制作为花坛、花境、花箱和各种环境绿化美化材料（图9-57）。

图9-57　茼蒿菊开花植株

58. 蛇目菊

【学　名】: *Sanvitalia procumbens*

【别　名】小波斯菊，金钱菊，孔雀菊。

【科　属】菊科，蛇目菊属。

【形态特征】一年生草本，高达

图9-58　蛇目菊开花植株

50cm，茎平卧或斜升多少被毛；叶卵形，全缘，被有短毛。头状花序单生于茎、枝顶端，总苞片被毛，上部草质；雌花约10～12个，舌状，黄色或橙黄色；两性花暗紫色；托片长圆状披针形，麦秆黄色；雌花瘦果扁压，三棱形。

【生态习性】原产墨西哥，中国部分地区广为栽培，喜阳光充足，耐寒力强，耐干旱，耐瘠薄，不择土壤，肥沃土壤易徒长倒伏。凉爽季节生长较佳。最好在半阴半阳通风好的地方。

【花　期】6～8月份。

【栽培管理】种子繁殖，春秋均可播种。3～4月份播种在5～6月份开花。6月份播种9月份开花，秋播于9月份先播入露地，分苗移栽1次，移栽时要带土团，10月下旬，保护越冬，来年春季开花。需要打顶摘心促进侧枝的分化。

【应　用】夏秋开花，花朵繁多，适宜花带、花境使用，美化庭园环境。也可切花，制作花束，或插花，装饰室内（图9-58）。

59. 孔雀草

【学　名】*Tagetes patula*

【别　名】红黄草，藤菊，杨梅菊，臭菊，小万寿菊。

【科　属】菊科，万寿菊属。

【形态特征】一年生花卉。株高30cm。羽状复叶，小针形。花梗自叶腋抽出，头状花序顶生，单瓣或重瓣。花色有红褐、黄褐、谈黄、杂紫红色斑点等。花形与万寿菊相似，但花较小而繁多。花开在矮墩墩多分枝的植株上，橙黄花朵布满梢头，显得非常绚丽可爱。

【生态习性】原产墨西哥，喜阳光，但在半阴处栽植也能开花。它对土壤要求不严。

【花　期】花期为3～5月份及8～12月份。

【栽培管理】播种和扦插均可。播种11月至翌年3月间进行。冬春播种的3～5月开花。播种可在庭园直播或盆播。盆栽的，播种后约1个月即可挖苗上盆定植。扦插繁殖可于6～8月间剪取长约10cm的嫩枝直接插于庭园，遮阳覆盖。直接插于花盆亦可。夏秋扦插的8～12月开花。生长迅速，耐移栽，栽培管理又很容易。

【应　用】有很好的观赏价值，可作花坛、花境、花箱、地被镶边等，也适宜盆栽、地栽和做切花使用（图9-59）。

图9-59　孔雀草开花植株

60. 美女樱

【学　名】*Verbena hybrida*

【别　名】苏叶梅，铺锦，铺地马鞭草。

【科　属】马鞭草科，马鞭草属。

【形态特征】多年生草花，茎长约50cm，四棱形，全株有毛。叶对生，长圆形披针状或三角

顶生。花冠筒状，有长梗，花色紫、蓝、红、白等。

【生态习性】原产巴西、美洲等热带地区，我国各地都有引种栽培。性喜光，不耐阴，喜温暖、湿润，较耐寒，不耐干旱，对土壤要求不严，但在疏松、湿润的壤土上生长良好，花开茂盛。

【花　期】5～10月份。

【栽培管理】9月份播种繁殖，春秋均可扦插繁殖。干旱的夏季要及时灌溉，适量增加薄肥。

【应　用】美女樱植株矮，枝叶茂，花期较长，花色繁多，置于庭园花坛、花境；匍匐类型的美女樱可作盆栽悬挂；直立型的美女樱可作切花插瓶，或制作花篮，花束装饰室内（图9-60）。

61. 一串红

【学　名】*Salvia splendens*

【别　名】墙下红，西洋红，草象牙红，爆竹红，撒尔维亚。

【科　属】唇形科，鼠尾草属。

【形态特征】多年生草花，茎四方形，高90cm左右。叶对生，卵形，茎节处红紫色。花序轮伞状，有花2～6朵轮生，花色有鲜红、紫、粉、白等。

【生态习性】原产南美洲，喜温暖和阳光充足环境。不耐寒，耐半阴，忌霜雪和高温，怕积水和碱性土壤。要求疏松、肥沃和排水良好的沙质壤土。适宜于pH5.5～6.0的土壤中生长。耐寒性差，生长适温20～25℃。15℃以下停止生长。

【花　期】8～10月份。

【栽培管理】播种、扦插繁殖。4～6月份播种，5～8月份也可扦插繁殖，插后浇足水，注意浇水。花期每月施追肥2次，延长花期。春秋季采种晒干保存，春季播种。生长期追施2～3次薄肥。夏季每天浇水1～2次。定植后要及时摘心，在生长过程中，要多次摘心，以促进矮化和多生花枝。春秋季节均可扦插繁殖，干旱的夏季要及时灌溉，适量增加薄肥。

【应　用】姿态优美，叶色深绿，花色鲜艳，花期较长，适宜布置花坛、花境，或组合花丛，可遍植于庭园一隅，与六月雪、波斯菊、月季等花卉配植更佳（图9-61）。

图9-60　美女樱开花植株

图9-61　一串红开花植株

62. 半枝莲

【学　名】*Scutellaria barbata*

【别　名】并头草，韩信草，赶山鞭，牙刷草。

【科　属】唇形科，黄芩属。

【形态特征】多年生草本植物，半支莲株高可达55cm。茎直立，四棱形。叶片卵圆状披针形，边缘生有疏而钝的浅牙齿，上面橄榄绿色，下面淡绿色。花单生于茎或分枝上部叶腋内，花冠紫蓝色。

【生态习性】原产于南美洲，中国各地都有栽培。喜温暖气候和湿润、半阴的环境。对土壤要求不严，栽培以土层深厚、疏松、肥沃、排水良好的沙质壤土或腐殖质壤土为好。喜比较湿润的环境，过于干燥的地区生长不良。

【花　期】花果期4～7月份。

【栽培管理】播种繁殖，每天喷洒1次水，保持湿润，15～20天发芽出苗。苗出全后揭去覆盖物，随即喷1次水，以后隔3～4天喷浇1次水。苗高5cm时向大田移栽，行株距各20cm，每穴1株。

【应　用】丛生密集，花繁艳丽，花期又长，是装饰草地、坡地和路边的优良配花，适宜花坛边缘和花境种植陈列在阳台、窗台、走廊、门前、池边和庭园院等多种场所观赏（图9-62）。

图9-62　半枝莲开花植株

63. 薰衣草

【学　名】*Lavandula Linn.*

【别　名】纳达。

【科　属】唇形科，薰衣草。

【形态特征】叶线形至披针形或羽状分裂。枝顶穗状花序，花蓝色或紫色，具短梗或近无梗。花萼卵状管形或管形。花冠筒外伸，在喉部近扩大，冠檐二唇形，上唇2裂，下唇3裂。不同类型的品种。观赏的种类有西班牙薰衣草、齿叶薰衣草和蕨叶薰衣草。

【生态习性】喜阳光、耐热、耐旱、极耐寒、耐瘠薄、抗盐碱，半耐热，好凉爽，喜冬暖夏凉，生长适温15～25℃，在5～30℃均可生长。

【花　期】6～8月份。

【栽培管理】播种繁殖，栽培的场所需日照充足，通风良好。播种到开花所需的时间为18～20周。

图9-63　薰衣草植株、花

【应　用】由于植物低矮，全株四季灰紫色，极耐寒，耐修剪，可用于花园、广场、花境、模纹花坛、地被、草坪花带及路边等，具有良好的观赏效果。还具有食用、保健、疗疾、观赏等多种功效。花有香味，可做香包，防止虫蛀。薰衣草精油，可以作为杀菌剂。薰衣草的花会分泌大量的花蜜，可以生产高品质蜂蜜、果酱（图9-63）。

64. 金鱼草

【学　名】*Antirhinum majus*

【别　名】洋彩雀，龙口花，龙头花。

【科　属】玄参科，金鱼草属。

【形态习性】多年生草花，高20～90cm。叶对生，上部互生，叶片光滑，披针形或长椭圆形。顶生总状花序长，花冠筒状唇形。花色多样，但无蓝色。常见栽培品种按高矮分为：大花高茎种，高90cm左右；中茎种，50cm左右，分枝较多。同属还有匍生金鱼草、花白色、粉红色。

【生态习性】喜阳、喜凉爽气候。耐寒、稍耐半阴，忌酷热。适生于疏松肥沃、排水良好的土壤。

【花　期】4～6月份。

【栽培管理】8～9月份播种繁殖。春、秋也可以嫩枝扦插繁殖。干时浇水并施1～2次液肥。花后摘心，使其多分枝，多开花。

【应　用】花色鲜艳，适宜布置花坛、花境、花箱、切花。或盆栽，散生布置庭园、草坪边缘，亦别有风味（图9-64）。

图9-64　金鱼草开花植株

65. 虞美人

【学　名】*Papaver rhoeas*

【别　名】丽春花，赛牡丹。

【科　属】罂粟科，罂粟属。

【形态特征】一年生草花。高约6cm。茎细长，全株有绒毛、有乳汁。叶互生不整齐，羽裂；花大单生，具有长梗，花蕾下垂，花瓣四枚。花色有紫红、鲜红、朱砂红、粉红、白或有深色斑纹等。常见栽培品种有：罂粟，花艳丽玫瑰红；孔雀罂粟，花鲜红；东方罂粟，花鲜红、紫、白；冰岛罂粟，花橙色、淡红色。

【生态习性】喜温暖、阳光充足和通风良好的环境，怕炎热、高温；适生于疏松、肥沃、排水良好的沙质壤土。

图9-65　虞美人开花植株

【花　　期】5~7月份。

【栽培管理】9月份播种。开花前施薄肥1~2次。花期及时剪去凋零花朵。

【应　　用】花色繁多而艳丽，适宜布置花坛、花境。种植在建筑旁、路边、沿墙边非常美观（图9-65）。

66. 凤仙花

【学　　名】*Impatiens balsamina*

【别　　名】指甲花，急性子，金凤花，小桃花。

【科　　属】凤仙花科，凤仙花属。

【形态特征】一年生肉质草花。高50cm左右。叶互生，下部叶近对生，披针形，有锯齿。总状花序，单生或数朵簇生叶腋，萼后瓣向内弯曲，花瓣5片；花色有白、粉红、玫瑰红、紫、杂色或带斑点条纹。

【生态习性】性健壮，生长迅速。喜温暖向阳。不耐寒，对土壤要求不严，但喜温暖、肥沃、排水良好的土壤。

【花　　期】6~8月份。

【栽培管理】3~4月份播种繁殖。7~8月份干旱季节及时浇水，生长期多施薄肥。

【应　　用】凤仙花姿态优美，花色繁多，花期较长，适于布置花坛、花境、花箱，栽植庭园墙角下（图9-66）。

图9-66　凤仙花植株花、叶

67. 长春花

【学　　名】*Catharabthus roseus*

【别　　名】五瓣莲，山矾花，日日草，日日新。

【科　　属】夹竹桃科，长春花属。

【形态特征】多年生直立草本。高约50cm。叶交互对生，长椭圆形至倒卵形，全缘，或微波状。聚伞花序顶生或腋生，花色有紫红、玫瑰红、粉红、白色等。

【生态习性】喜温暖、阳光充足的环境，耐半阴，不耐寒，再肥沃排水良好的沙质土壤上生长较好。

【花　　期】7~10月份。

【栽培管理】4月份播种繁殖。生长期注意浇水施肥。

【应　　用】作为观赏花卉栽培，植于花坛、花境中，也是配置花箱和盆栽的好材料（图9-67）。

图9-67　长春花开花植株

68. 五色椒

【学　名】*Capsicum frutescens*

【别　名】朝天椒，观赏椒。

【科　属】茄科，辣椒属。

【形态特征】多年生半草本花卉。老茎木质化，高约10cm。单叶互生，为卵形披针状形。花白色，单生叶腋。果实指形，或圆锥形尖顶向上，成熟时黄、橙、红、紫、蓝等色。

【生态习性】喜温暖、阳光充足的环境，不耐寒，在肥沃、湿润、排水良好土壤中生长较好。

【花　期】8～10月份。

【栽培管理】3月份播种繁殖。生长期注意浇水施肥，开花时不易浇水过多。

【应　用】作为观果花卉栽培，可植于花坛、花境，也可盆栽、配置花箱美化环境（图9-68）。

69. 紫茉莉

【学　名】*Mirabilis jalapa*

【别　名】洗澡花，草茉莉，状元红，宫粉花，胭脂花，芬豆子，叶娇娇。

【科　属】紫茉莉科，紫茉莉属。

【形态特征】多年生草花。高可达1m。叶对生，心脏形或卵形。花数朵顶生，花冠喇叭形，花色有白、粉、黄、红、紫、玫瑰色等，或有条纹、斑块，红白、黄白两色相间。黄昏开花至第二天早晨，具芳香。

【生态习性】喜温暖。湿润的环境，不耐寒，对土壤要求不严，所以各地广有栽培。

图9-68　五色椒结果植株

【花　期】7～9月份。

【栽培管理】4月中下旬露地直播繁殖。也可秋季落叶后剪去地上茎，把根带土挖起，于地窖堆藏，第二年4月移植露地，开花早。高生长45cm左右要摘心，促使多分枝，多开花。

【应　用】花色丰富，有白、粉、黄、红或具条纹，花朵美丽，观赏效果好，花黄昏翌日清晨开放，轻风吹拂，芳香扑鼻，适宜配置花坛、花境，或成丛配植，也可作为花篱种植，特别是在庭园及路边林缘，散植、片植均可，是夏秋时节的常用庭园花卉（图9-69）。

图9-69　紫茉莉花枝

70. 耧斗菜

【学　名】*Aquilegia vulgaris*

【别　名】耧斗花，西洋耧斗菜。

【科　属】毛莨科，耧斗菜。

【形态特征】多年生草，高80cm左右，二回三出复叶。花顶生而下垂，花色有紫、蓝、白等。常见栽培品种有：山宁环，花瓣黄色，萼片紫红色；洋牡丹，花淡紫红色或白色；加拿大耧斗菜，花瓣黄色，萼片黄或红色，花期4月中旬至5月中旬；华北耧斗菜，花瓣及萼片均为紫色，花下垂；金花耧斗菜，花瓣淡黄色，萼片深黄色带红晕，夏季开花；红花耧斗菜，花瓣黄色，萼片红色。

【生态习性】喜半阴，较耐寒，喜富含腐殖质、湿润、肥沃而排水良好的沙质壤土。不耐高温，适宜较高的空气湿度。

【花　期】花期4月中旬至5月中旬。

【栽培管理】播种繁殖于春秋季均可进行；也可于3月中旬分株繁殖。开花前施肥耧斗菜性喜凉爽气候，忌夏季高温曝晒。

【应　用】花大而美丽，花形独特，品种多，花期长，最大的优势是花期早，耐寒性好，可从春季持续至夏季。姿态优美，适于花坛、花境、花箱、岩石园、

图9-70　耧斗菜开花植株

林缘或树林下栽植。岩石庭园等都有非常好的景观效果（图9-70）。

71. 太阳花

【学　名】*Portulaca grandiflora*

【别　名】半支莲，松叶牡丹，大花马齿苋。

【科　属】马齿苋科，马齿苋属。

【形态特征】1年生肉质草本，高10~15cm。茎细而圆，平卧或斜生，节上有丛毛。叶散生或集生，圆柱形。花生茎顶，基部有叶状苞片，花瓣颜色鲜艳，有白、深、黄、红、紫等色。蒴果成熟时盖裂，种子小，棕黑色。品种很多，有单瓣、半重瓣、重瓣之分。

【生态习性】原产南美巴西，我国各地均有栽培。喜温暖、阳光充足而干燥的环境，阴暗潮湿之处生长不良。极耐瘠薄，一般土壤都能适应，而以排水良好的沙质土最相宜。能自播繁衍。见阳光花开，早、晚、阴天闭合，故有太阳花之名。

【花　期】6～9月份开花。

【栽培管理】播种或扦插繁殖。春、夏、秋季均可播种。当气温20℃以上时种子萌发，播后10天左右发芽。覆土宜薄，不盖土亦能生长。幼苗分栽，需施液肥数次。在15℃以上条件下约20余天即可开花。扦插繁殖常用于重瓣品种，在夏季将剪下的枝梢作插穗，萎蔫的茎也可利用，插活后即出现花蕾。移栽植株无需带土，生长期不必经常浇水。

【应　用】植株矮小，茎、叶肉质光洁，花色丰艳，花期长。宜布置花坛、花境、花箱，也可辟为专类花坛。全草可入药（图9-71）。

72. 福禄考

【学　名】*Phlox drummondii*

【别　名】福禄花，福乐花，五色梅。

【科　属】花荵科，天蓝绣球属。

【形态特征】一年生草本，株高15~30cm，被腺毛。下部的叶对生，上部的叶互生，宽卵形、长圆形和披针形，基部渐狭或半抱茎，全缘。圆锥状聚伞花序顶生，有短柔毛，花萼筒状；花冠高脚碟状，淡红、深红、紫、白、淡黄等色。复色、三色之分。

【生态习性】原产北美南部，不耐寒，喜温暖，忌酷热。在华北一带可冷床越冬。适宜排水良好、疏松的壤土，不耐旱，忌涝。

【花　期】5～10月份。

【栽培管理】种子繁殖，播种时覆土不宜过厚，略透光为佳。发芽适温为15～20℃。秋季播种，幼苗经1次移植后，至10月上、中旬可移栽冷床越冬，早春再移至地畦，及时施肥，4月中旬可定植。管理较为粗放。

图9-71　太阳花开花植株

图9-72　福禄考开花植株

【应　用】花期较长，花色繁鑫，着花密，故为基础花坛的主栽品种。植株矮小，花色丰富，可作花坛、花境及岩石园的植株材料，亦可作盆栽供室内装饰。植株较高的品种可作切花（图9-72）。

73. 月见草

【学　名】*Oenothera biennis*

【别　名】晚樱草，待霄草，山芝麻，野芝麻。

【科　属】柳叶菜科，月见草属。

【形态特征】一二年生粗壮草本，茎高50～200cm，在茎枝上端常混生有腺毛。基生叶紧贴地面，倒披针形，先端锐尖，基部楔形，边缘疏生不整齐的浅钝齿，茎生叶较小。花序穗状，不分枝，或在主序下面具次级侧生花序，黄绿色或开花时带红色。

【生态习性】适应性强，耐酸耐旱，对土壤要求不严，一般中性，微碱或微酸性土，排水良好，疏松的土壤上均能生长，它在土壤太湿地方，根部易得病。

【花　期】6～9月份。

【栽培管理】用种子或扦插繁殖，秋季或春季播种育苗，播种后10～15天，即可萌发出幼苗。把摘下来的粗壮、无病虫害的顶梢作为插穗，直接用顶梢扦插。

【应　用】花香美丽，花朵鲜艳，花期较长，常作花坛、花境、花箱栽植，夏季开花，生机盎然，非常吸引人们的眼球（图9-73）。

图9-73　月见草开花植株

74. 醉蝶花

【学　名】*Cleome spinosa*

【别　名】西洋白花菜，凤蝶草，紫龙须，蜘蛛花。

【科　属】白花菜科，白花菜属。

【形态特征】一二年生草本植物，株高60cm左右，其茎上长有黏汁细毛，会散发一股强烈的特殊气味。叶

图9-74　醉蝶花花

片为掌状复叶，小叶5～7枚，为矩圆状披针形，具有托叶刺。总状花序顶生，花茎直立，花由底部向上次第开放，花瓣披针形向外反卷，花苞红色，花瓣呈玫瑰红色或白色，雄蕊特长。花序形成朵朵小花犹如翩翩起舞的蝴蝶，非常美观。

【生态习性】适应性强，性喜高温，较耐暑热，忌寒冷。喜阳光充足地，半遮阳地亦能生长良好。对土壤要求不苛刻，水肥充足的肥沃地，一般肥力中等的土壤，也能生长良好；喜湿润土壤，亦较能耐干旱，忌积水。

【花　期】花期在6～9月份。

【栽培管理】播种繁殖，用25～30℃温水把种子浸泡3～10h，直到种子吸水并膨胀起来。对于用手或其他工具难以夹起来的细小的种子，可以把牙签的一端用水沾湿，把种子一粒一粒地粘放在基质的表面上，覆盖基质1cm厚，然后把播种的花盆放入水中，水的深度为花盆高度的1/2～2/3，让水慢慢地浸上来。

【应　用】醉蝶花的花瓣轻盈飘逸，盛开时似蝴蝶飞舞，颇为有趣，可在夏秋季节布置花坛、花境，也可进行矮化栽培，将其作为盆栽观赏。根据其能耐半阴的特性，种在林下或建筑阴面观赏。也是一种优良的蜜源植物（图9-74）。

75. 矮雪轮

【学　名】*Silene pendula*

【别　名】大蔓樱花。

【科　属】石竹科，蝇子草属。

【形态特征】一二年生草本，株高约30cm，分枝多。叶卵状披针形。聚伞花序，花瓣倒心脏形，先端2裂，粉红色，栽培品种花色有白色、淡紫色、浅粉红色、玫瑰色等；又有重瓣品种，花色也很丰富。萼筒长而膨大，筒上有紫红色条筋。蒴果卵形。

【生态习性】原产地中海地区，性喜阳光充足、耐寒、耐肥栽植在富含腐殖质、排水畅通的湿润土壤上生长良好。

【花　期】4月下旬～6月中旬。

【栽培管理】8月下旬至9月初播种在露地苗床，入冬前移植于有防寒设备的冷床内越冬，来年春季定植露地。

【应　用】植株矮生密集，开花繁茂，花后膨大萼筒仍十分美丽，是盆栽的好材料。适宜布置花坛、花境。矮生品种是点缀居室、岩石园和艺术花坛的理想材料（图9-75）。

76. 荷包花

【学　名】*Calceolaria herbeohybrida*

【别　名】蒲包花，元宝花，状元花。

【科　属】玄参科，蒲包花属。

【形态特征】为多年生草本植物，多作一年生栽培花卉，株高多30cm，

图9-75　矮雪轮开花植株、花

全株茎、枝、叶上有细小茸毛。叶片卵形，对生。花冠唇状，上唇瓣直立较小，下唇瓣膨大似蒲包状，中间形成空室，柱头着生在两个囊状物之间。花色变化丰富，单色品种有黄、白、红等深浅不同的花色，复色则在各底色上着生橙、粉、褐红等斑点。

【生态习性】生于南美洲安第斯山区。性喜凉爽湿润、通风的气候环境，惧高热、忌寒冷、喜光照，对土壤要求严格，以富含腐殖质的沙土为好，不耐潮湿土，以微酸性土壤为好。

【花　期】花果期5～11月份。

【栽培管理】播种法繁殖，通常8月下旬播种，7～10天出苗。幼苗长出2～3片真叶时移植，4～5片真叶单株定植。缺少种子时，也可用分株法。在室内冬季3～6℃就能生长。生长期需保持较高的空气湿度，注意通风，光照充足对植株开花有利。但栽培时需避免夏季烈日曝晒，需庇荫。

【应　用】花期长，花色艳丽、花形奇特，是冬、春季重要的盆花。花色有黄、紫、红、乳白、橙红、深褐等，花上缀有彩色斑点和斑纹，十分可爱，常作室内装饰摆设用，是家庭室内盆花的新秀（图9-76）。

77. 高山积雪

【学　名】*Euphorbia marginata*

【别　名】银边翠，象牙白。

【科　属】大戟科，大戟属。

【形态特征】一年生草本植物，株高50～60cm，茎直立，分枝多。全株具柔毛，体内含有毒的白浆。叶圆状披针形，淡灰绿色，先端凸尖，全缘；下部叶片互生，顶端叶片轮生，入夏后叶片边缘或叶片全部变为银白色，顶部叶呈银白色，与下部绿叶相映，犹如青山积雪。顶端小花3朵，簇生，花梗细软，花下有2枚大型苞片。

【生态习性】原产北美。喜温暖干燥和阳光充足环境，不耐寒，耐干旱，宜在疏松肥沃和排水良好的沙壤土中生长。

【花　期】花果期6～9月份。

【栽培管理】常用播种繁殖，4月播种，一般为露地直播，播后7～10天发芽，发芽整齐，生长期每半月施肥1次。植株高大时应设支架，防止倒伏。雨后注意排水，以免土壤积水而造成植株受涝死亡。种子有自播繁衍能力。也可用扦插繁殖，待剪口干燥后再进行扦插，否则剪口易腐烂。

【应　用】用于风景区、公园及

图9-76　荷包花开花植株

图9-77　高山积雪植株

庭园等处，布置花坛、花境、花丛，亦可作林缘绿化美化，也可作切花材料。与其他颜色的花卉配合布置，更能发挥其色彩之美。为良好的花坛背景材料，还可作插花配叶（图9-77）。

78. 紫罗兰

【学　名】*Matthiola incana*

【别　名】草桂花，草紫罗兰。

【科　属】十字花科，紫罗兰属。

【形态特征】二年生或多年生草花。高40cm左右。茎基部木质化，全株具灰色星状柔毛，单叶互生，长圆形或倒披针形，全缘。总状花序，花瓣4枚，具长爪，花有青莲色、紫色、浅红色、浅黄色，白色等，微香。变种有：夏紫罗兰，春季播种，秋紫罗兰。

【生态习性】喜冬季温暖、夏季凉爽、阳光充足、通风良好的环境；忌燥热高温。适生于多腐殖质、土层深厚、排水良好的沙质壤土。

【花　期】因栽培季节不同，开花时间也不同，可在4~5月份、6~8月份、8~9月份等不同时间开花。

【栽培管理】春、秋播种繁殖。移植或换盆时应注意保护根系，因其根系断后再生能力差，断根后会影响开花。

【应　用】花色繁多，花形各异，花期较长，具有芳香。适宜布置花坛、花境和花箱，也可作为切花装饰室内（图9-78）。

79. 二月兰

【学　名】*Orychophragmus violaceus*

【别　名】银边翠，象牙白，诸葛菜。

【科　属】十字花科，诸葛菜属。

【形态特征】一年或二年生草本，高10~50cm，无毛；茎直立，基部或上部稍有分枝，浅绿色或带紫色。基生叶大全裂，顶裂片近

图9-78　紫罗兰

图9-79　二月兰开花群体

圆形或短卵形，顶端钝，基部心形，有钝齿。花紫色、浅红色、或褪成白色，花萼筒状，紫色；花瓣宽倒卵形，密生细脉纹。长角果线形，种子黑棕色，有纵条纹。

【生态习性】适宜华北地区、东北地区。耐寒性强，少有病虫害，对土壤要求不高，在肥沃、湿润、阳光充足的环境下生长健壮，在阴湿环境中也表现出良好的性状。

【花　期】花期4～5月份，果期5～6月份。

【栽培管理】自播生长能力强，一次播种能自成群落。晚春开花，夏天结籽，年年延续，即使在荒坡及较干燥地方也有较好的景观绿化效果。耐阴性强，在具有一定散射光的情况下，就可以正常生长、开花、结实。不仅冬天披绿，春天紫花成片，而且它能延续自繁，能与其他植物混种，是集多种优点于一体的好品种。

【应　用】作为观花地被广泛应用。在早春时节更是花开成片，是理想的园林阴处或林下地被植物，也可以用作花径栽培。宜栽于林下、林缘、住宅小区、高架桥下、山坡下或草地边缘，即可独立成片种植，也可与各种灌木混栽，形成春景特色。适应性强和早春开花等特性可用作早春花坛（图9-79）。

80. 羽衣甘蓝

【学　名】*Brassica oleracea var.*

【别　名】叶牡丹，牡丹菜，花包菜，绿叶甘蓝。

【科　属】十字花科，芸薹属。

【形态特征】二年生草本植物，羽衣甘蓝植株高大，根系发达，茎短缩，密生叶片。叶片肥厚，倒卵形，被有蜡粉，深度波状皱褶，呈鸟羽状，美观。一年植株形成莲座状叶丛，经冬季低温，于翌年开花、结实。总状花序顶生。品种形态多样，按高度可分高型和矮型；按叶的形态不同可分为：皱叶、不皱叶、深裂叶品种；按颜色，边缘叶有翠绿色、深绿色、灰绿色、黄绿色，中心叶则有纯白、淡黄、肉色、玫瑰红、紫红等品种。

【生态习性】生长势强，喜阳光，耐盐碱，喜肥沃土壤。对土壤适应性较强，而以腐殖质丰富肥沃沙壤土或黏质壤土最宜。喜冷凉气候，极耐寒，不耐涝，可忍受多次短暂的霜冻，耐热性也很强。生长适温为20～25℃。

【花　期】4月份。

【栽培管理】播种繁殖，露地春播，种子发芽的适宜温度为18～25℃。2月中下旬保护地育苗，苗龄35～40

图9-80　羽衣甘蓝紫色和白色植株

天，3月下旬至4月上旬定植露地，定植后约25~30天即4月中下旬至5月上旬开始收获。

【应　用】株丛整齐，叶形变化丰富，叶片色彩斑斓，一株羽衣甘蓝犹如一朵盛开的牡丹花。适宜冬、春季布置花坛、花境。植株含钙率是10%，维生素A₁33%，维生素C₁34%，是对人体健康营养最好的蔬菜（图9-80）。

81. 茑萝

【学　名】*Quanoclit pennata*

【别　名】游龙草，茑萝松，五角星花，狮子草。

【科　属】旋花科，茑萝属。

【形态特征】一年生缠绕草花。茑萝藤细柔，叶为羽状分裂。花腋生，直立，花冠呈高脚蝴蝶状，有红色、白色、橙色等。另外还有：圆叶茑萝，叶片卵形；槭叶茑萝，叶为掌状分裂，披针状，花大。

【生态习性】热带植物，喜温暖阳光充足的环境。对土壤适应性较强。

【花　期】7~9月份。

【栽培管理】种子繁殖。生长期施1~2次追肥，可使茎蔓生长旺盛，开花繁多。

【应　用】植株生长繁茂，枝叶翠羽层层，娇嫩轻盈。开花时，先花从嫩叶丛中突出，十分别致。适于影院篱笆、矮墙的垂直绿化，当年效果明显。在花盆中，借助支柱骨架创造狮、熊猫等动物造型，栩栩如生，别有情趣（图9-81）。

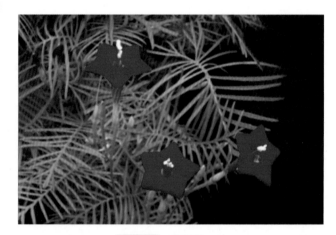

图9-81　茑萝花、叶

82. 鸡冠花

【学　名】*Celosia cristata*

【别　名】红鸡冠。

【科　属】苋科，青葙属。

【形态特征】一年生草花，高60cm左右。叶互生，卵形至卵状披针形，绿色、红色等。顶生肉质花序，花鸡冠状，故名"鸡冠花"，有红、黄、白、粉红、紫红、橙色等。

【生态习性】喜炎热、干燥、阳光充足的气候，不耐寒，怕积水；要求疏松、肥沃、排水良好的沙质壤土。

【花　期】7~10月份。

【栽培管理】4月份播种繁殖。为了避免徒长，苗期不宜施肥，适当浇水，不宜过湿。随时除去侧芽，以促使顶部花序长大；若是多分枝品种，应及早摘心促使分枝生长。

【应　用】植株矮，枝叶茂，花

图9-82　鸡冠花开花植株

期较长，花色繁多，置于庭园花坛、花境；适于布置花境、花坛、花箱，也可作为切花使用（图9-82）。

83. 五色苋

【学　名】*Alternanthera bettzickiana*

【别　名】红绿草，五色草，模样苋，法国苋，彩叶草。

【科　属】苋科，虾钳草属。

【形态特征】多年生草本，作一二年生栽培。茎直立斜生，多分枝，节膨大，高10~20cm。单叶对生，叶小，椭圆状披针形，红色、黄色或紫褐色，或绿色中具彩色斑。叶柄极短。花腋生或顶生，花小，白色。品种有黄叶五色草，叶黄色而有光泽；花叶五色草，叶具各色斑纹。

【生态习性】原产南美巴西，我国各地普遍栽培。喜光，略耐阴，喜温暖湿润环境，不耐热，也不耐旱，极不耐寒，冬季宜在15℃温室中越冬。

【花　期】4~6月份。

【栽培管理】扦插繁殖，取2节的枝作插穗，以3cm株距插入沙、珍珠岩或土壤中，插床适温22~25℃，1周可生根，2周即可移栽。以富含腐殖质、疏松肥沃、高燥的沙质壤土为宜，忌黏质壤土。生长季节，适量浇水，保持土壤湿润。天旱及时浇水，每隔月向叶喷施2%氮肥一次，以使植株生长良好，提高观赏效果。

【应　用】植株低矮，耐修剪。叶片有红色、黄色、绿色或紫褐色等类型，适宜布置模纹花坛和立体雕塑式花坛、组字构图等，生长期要常修剪，抑制生长，以免扰乱设计图形。也是花坛、地被、盆栽的良好材料。盆栽适合阳台，窗台和花槽观赏（图9-83）。

图9-83　五色苋紫色和绿色植株

84. 千日红

【学　名】*Gomphrena globosa*

【别　名】火球花，杨梅花，千年红，千日草。

【科　属】苋科，千日红属。

【形态特征】一年生草花。高50cm左右。全株被有白色柔毛，茎直立有沟纹。单叶对生，全缘、椭圆或倒卵形。头状花序，小花密集，花色有深红、淡红、黄、白、紫等。

【生态习性】喜温暖、阳光充足

图9-84　千日红开花植株

的环境；耐夏季炎热干燥的气候。对土壤要求不严。

【花　期】6~7月份。

【栽培管理】4~5月份播种繁殖。秋季采种晒干保存，春季播种。生长期追施2~3次薄肥。夏季每天浇水一次。

【应　用】布置庭园花坛、花境。适于室内切花插瓶，色泽鲜艳，经冬不凋；也可盆栽，适宜布置会场，客厅。切花也可作花篮、花环、装饰房间（图9-84）。

四　多年生草本花卉

多年生花卉有：宿根或球根花卉。当年植株开花后，地上部分枯死，根部不死，并能越冬，来年春继续萌发生长。球根花卉植株的地下部分具有肥大的变态茎或根（有鳞茎、球茎、块茎、根茎之分）。

85. 菊花

【学　名】*Dendranthema morifolium*

【别　名】鞠，黄花，秋菊，女华，九华，甘菊花等。

【科　属】菊科，菊属。

【形态特征】多年生宿根花卉，高60~150cm。叶互生，叶片有深裂，形态多变化，圆叶、蓬叶、爪叶。头状花序，边缘为舌状花，中部为筒状花，花瓣有匙瓣、平瓣、管瓣等。菊花品种特别多，常用高矮、花期、花色等进行分类。花色有白、黄、绿、红、紫等。

【生态习性】性喜凉爽，耐寒，傲霜，怕积水，适宜生长在肥沃、疏松的沙质土壤中。适应性很强，地下根茎耐低温极限一般为-10℃。适宜肥沃而排水良好的沙壤土，在微酸性到中性的土中均能生长。忌连作。为短日照花卉。

【花　期】秋季，夏季为主。

【栽培管理】扦插、分株、嫁接、播种繁殖。3~5月份选取幼芽，嫩枝扦插。冬季分株繁殖或截取老墩根部萌发新芽培养。要想培养色彩丰富的大立菊，可用青蒿作砧木嫁接若干品种。也可于3~4月份播种繁殖。幼苗成活后，为了增加开花量要摘心2次，立秋前停止摘心。要促使菊花健壮、花大色艳，9~10月份连续摘去腋芽。移栽时要施基肥。生长旺盛时期和开花前后要多施液肥。为了防止植株倒伏需要支柱。

【应　用】菊花有五彩缤纷的花色，千娇百媚的花形，清秀优雅的芬芳，傲霜怒放的姿态，甚受人们喜爱，在庭园中配植于花坛、院隅、假山旁、墙基、花境、园林小品四周；

图9-85　黄色和红色菊花植株

也可制作大立菊、悬岩菊以及各种动物造型，布置立体花坛、花境、花坛等，也适于花箱、盆栽或切花，供室内观赏（图9-85）。

86. 大丽花

【学　名】*Dahlia pinnata*

【别　名】大丽菊，大理花，天竺牡丹。

【科　属】菊科，大丽花属。

【形态特征】多年生草花，地下块茎肥大，乳白色，茎中空，皮光滑。叶正面深绿色，背面灰绿色。头状花序，舌状花瓣，花红、橙、黄等色。类型很多，有单瓣型、菊花型、牡丹花型、细瓣型、球型等。

【生态习性】喜强光、通风良好的环境，不耐高温和严寒。适生于肥沃及排水良好的沙质土壤。

【花　期】7～10月份。

【栽培管理】春季以块根分割繁殖为主，扦插繁殖为辅，分割的每一块根上要带2个芽。6～8月份要用顶芽或腋芽扦插，插后每天喷水、遮阳，15天即可生根。成长期10天左右追肥一次。苗高15cm摘心，促使植株矮壮，孕蕾时及时除去侧芽留顶芽。花萎后及时剪除残花。秋后挖出块根，晾3天左右，沙藏于5℃左右室内。春季播种，秋季可开花。

【应　用】枝叶健美，花大色艳，花期较长，适宜花台、花境、草地上栽植；切花插瓶，制作花环、花篮布置室内。矮种盆栽，供室内外观赏，绿化庭园环境（图9-86）。

图9-86　大丽花开花植株花、叶

87. 扶郎花

【学　名】*Gerbra jamesonii*

【别　名】非洲菊，菖白枝，灯盏花。

【科　属】菊科，大丁草属。

【形态特征】多年生常绿草本花卉。叶基生莲座状，叶片矩圆状匙形，羽状深裂或深裂。头状花序单生，舌状花重瓣状，花梗长，花色有白色、橙色、红色、黄色等。

【生态习性】原产南非，各地均有栽培。性喜温暖、阳光充足、空气流通的环境。要求土层深厚、肥沃、酸性壤土。

图9-87　扶郎花植株花、叶

233

【花　期】全年开花，春秋为盛。

【栽培管理】播种或分株繁殖。种子成熟后及时采种播种。4～5月份分株繁殖。20～25℃最适宜生长开花。生长期间及时浇水，冬季不要潮湿。经常剪除外老叶。冬季保持12℃以上的温度即可越冬。

【应　用】花色鲜艳花期长，适于盆栽，适宜切花装点室内环境、布置会场，也可布置花坛、花境、花箱，美化庭园环境（图9-87）。

88. 波斯菊

【学　名】*Cosmos bipinnata*

【别　名】大波斯菊，秋英。

【科　属】菊科，秋英属。

【形态特征】一年生或多年生草本，高1～2m。根纺锤状，多须根，或近茎基部有不定根。茎无毛或稍被柔毛。叶二次羽状深裂。头状花序单生，径3～6cm。舌状花紫红色，粉红色或白色；舌片椭圆状倒卵形，有3～5个钝齿；管状花黄色，有披针状裂片。

【生态习性】原产美洲墨西哥，中国栽培甚广，在路旁、田埂、溪岸也常自生。海拔可达2700m。

【花　期】花期6～8月份。

【栽培管理】种子繁殖。中国北方一般4～6月份播种，6～8月份陆续开花，8～9月份气候炎热，多阴雨，开花较少。秋凉后又继续开花直到霜降。如在7～8月份播种，则10月份就能开花，且株矮而整齐。种子有自播能力，一经栽种，以后就会生出大量自播苗；若稍加保护，便可照常开花。在生长期间也可行扦插繁殖，于节下剪取15cm左右的健壮枝梢，插于沙壤土内，适当遮阳及保持湿度，6～7天即可生根。

【应　用】株形高大，叶形雅致，花色丰富，有粉、白、深红等色，适于布置在草地边缘、树丛周围及路旁成片种植美化绿化，颇有野趣。重瓣品种可作切花材料。适合作花境背景材料，也可植于篱边、山石、崖坡、树坛或宅旁（图9-88）。

图9-88　波斯菊开花植株

89. 除虫菊

【学　名】*Chrysanthemum cinerariaefolium*

【别　名】白花除虫菊。

【科　属】菊科，除虫菊属。

【形态特征】多年生草本，株高30～80cm，全株被灰色细毛，茎直立多分枝。叶长椭圆形或卵圆形，长12～20cm，1～2回羽状全裂，小裂片条形，端尖锐，头状花序单生枝顶，茎约3～4cm，具长梗。花期可持续1个月左右，盛花期一株可挂花200朵左右。

【生态习性】原产于南斯拉夫,我国各地都有栽植。性喜冬季较暖而湿润、夏季高燥而凉爽的环境,喜阳光充足及肥沃土壤。最适宜生长在气候温暖、湿润,土层深厚,排灌良好的微碱性到中性的土壤中。耐低温(-12℃),怕霜冻,忌连作,不耐涝。最适宜年均温在15℃左右。

【花　期】花期5~6月份,一年可开2次花。

【栽培管理】通常以播种、分株繁殖,亦可进行嫩枝扦插。春、秋两季均可播种。分株繁殖宜秋季进行。

【应　用】花朵丰富,色彩艳丽,鲜花可用作切花,也可以布置花境、花箱,美化净化环境。用于宅院绿化和室内装饰,很有观赏价值。根、茎、叶、花等都含有毒虫素物质,特别是从除虫菊花蕊中提炼出来的除虫菊脂,价值更高,用它制成的除虫菊脂类农药,药效大,无残毒,是蚜虫、蚊蝇、菜青虫、棉铃虫等害虫的死敌。除虫菊的花、茎、叶可直接用于杀疥癣,灭蚊、蝇、臭虫(图9-89)。

图9-89　除虫菊开花植株花、叶

90. 银叶菊

【学　名】*Senecio cineraria*

【别　名】雪叶菊。

【科　属】菊科,千里光属。

【形态特征】植株多分枝,高度一般在50~80cm,叶一至二回羽状分裂,正反面均被银白色柔毛,质较薄。头状花序单生枝顶,花紫红色。头状花序单生枝顶,花小、黄色,

【生态习性】原产南欧,较耐寒,在河北南部、长江流域能露地越冬。性喜凉爽,耐寒,傲霜,怕积水,适宜生长在肥沃、疏松的沙质土壤中。适应性很强,地下根茎耐低温极限一般为-10℃。喜肥沃而排水良好的沙壤土,在微酸性到中性的土中均能生长。忌连作。为短日照花卉。不耐酷暑,生长最适宜温度为20~25℃。

【花　期】6~9月份。

图9-90　银叶菊植株

【栽培管理】常用种子繁殖。一般在8月底9月初播于露地苗床,半个月左右出芽整齐,苗期生长缓慢。待长有4片真叶时上5寸盆或移植大田,翌年开春后再定植上盆。生长期间可通过摘心控制其高度和增大植株蓬径。冬季宜保证充足的光照。

【应　用】群植草坪广场,一片白雪景观,与其他色彩的纯色花卉配置栽植,可以起到过度、调和作用,是重要的花坛、花境的观叶植物(图9-90)。

91. 大花飞燕草

【学　名】*Delphinium grandiflorum*

【别　名】翠雀，兰雀花，小鸟草。

【科　属】毛茛科，飞燕草属。

【形态特征】多年生宿根草花，高70~100cm，全株被柔毛，多分枝。叶互生，掌状深裂，裂片线性。总状花序，总状花序顶生，萼片5枚，瓣状，蓝色。花有蓝紫色、白色、粉红色等。常见栽培种有：飞燕草，花蓝紫、红、白色；穗花翠雀，花紫色；唇花翠雀，花深蓝、黄、白色；丽江翠雀，花青莲紫色，具芳香。

【生态习性】原产我国西南和西北地区。适应性较强，喜冷凉气候，忌炎热。喜光照充足、全日照的栽培环境。耐寒、耐旱、耐半阴、稍耐水湿。宜含腐殖质的黏质土。

【花　期】5~6月份。

【栽培管理】8月下旬至9月上旬播种繁殖。早春或初秋分株繁殖。春季嫩枝扦插繁殖。常施薄肥。用播种、分株及扦插繁殖。播种可于春季3~4月或秋季8月中、下旬进行。分株春、秋季均可进行。扦插，可以花后剪取基部萌发的新芽，插于沙中，或于春季剪取新枝扦插。它最大的特点是开花一致，耐寒性好，植株茎干长而健壮，栽培周期短。

【应　用】花色艳丽，花姿别致，花期较长，花形别致，开花时似蓝色飞燕落满枝头，色彩淡雅。常植于花坛、花境、花箱或绿篱、林缘，也可盆栽，也可用作切花，配制花篮、花束，增加活跃气氛。飞燕草的分泌物，可以使室内的蟋蟀、蟑螂绝迹（图9-91）。

图9-91　大花飞燕草开花植株

92. 芍药

【学　名】*Paeonia lactiflora*

【别　名】将离，殿春。

【科　属】毛茛科，芍药属。

【形态特征】多年生宿根草花。根肉质，茎高1m。二三回羽状复叶，基部及顶端有时单叶，小叶深裂，呈宽披针形。花单生，有长梗，似牡丹，大形，花色多样，有纯白、微红、黄、淡红、深红、紫红、洒金等。骨突果有3~5枚。芍药的种类很多，新品种有：大易妃吐艳，花玉白色，蕊有斑点；铁线紫，花梗紫色；莲香白，花斑似荷花等。

【生态习性】我国各省均有栽培，早春发芽，生长迅速。喜阳、较耐寒；喜深厚、肥沃、排水良好的沙质壤土。不耐盐碱，不耐低温积水。

【花　期】5月份。

【栽培管理】秋季白露前后分株繁殖。也可将种皮擦破，秋季播种繁殖。土壤水、肥充足。为了使养分集中，花朵大都在每一花茎上只保留一个花蕾。盆栽芍药3～4年结合分株换盆一次。

【应　用】是我国传统名花，与牡丹、君子兰并称"花中三绝"。在庭园中成片布置花境、花带或设置专类花园，亦可种植于庭园花台之上、天井之中。春季重要切花插花装饰材料，水养时间较长（图9-92）。

93. 石竹

【学　名】*Dianthus chinensis*

【别　名】洛阳花，竹节花。

【科　属】石竹科，石竹属。

【形态特征】多年生草花，高40cm左右。叶对生，花色有粉红、白、淡紫等。同属其他品种有：香石竹，多年生半灌木状，高50cm左右，茎丛生，具白粉，花色有白。黄、淡红、紫红，花浓香；瞿麦，花色有粉、白、紫等，花芳香；常夏石竹，叶有白粉，花粉红、白、紫等色，花芳香；少女石竹，叶小花白色、淡紫色；须包石竹，苞片先端须状、花色墨紫、绯红、粉红。

【生态习性】喜光，耐寒而不耐炎热。适生于排水良好的肥沃土壤。

【花　期】4～8月份。

【栽培管理】9月份初播种繁殖。5～9月份扦插繁殖。夏季将枯萎植株的地上部分剪掉，立秋后灌足水，一次便能发出新株第二次开花。

【应　用】为春季开花植物，小巧的株形深得人们喜爱。在花期，紧凑的植株上会开出大量的玫粉色花朵。鲜艳的花色、持久的花期和深绿色的草状叶片，成为家庭园艺爱好者的理想选择。花色繁多，花期较长，适于布置花坛、花境、花箱，矮生品种可配置毛毡花坛或草坪镶边，也可盆栽用于布置岩石、庭园。植株较高的可切花插瓶，装饰室内（图9-93）。

图9-92　芍药开花植株

图9-93　石竹开花植株

第九章　常用花卉景观植物

237

94. 满天星

【学　名】*Gypsophila paniculata*

【别　名】丝石竹，霞草，锥花丝石竹，圆锥石头花，宿根满天星，锥花霞草。

【科　属】石竹科，丝石竹属。

【形态特征】多年生草本，高 30～80cm。根粗壮。茎单生，直立，多分枝，无毛或下部被腺毛。叶片披针形或线状披针形，顶端渐尖，中脉明显。圆锥状聚伞花序多分枝，疏散，花小而多；花梗纤细，长 2～6mm，无毛；花瓣白色或淡红色，匙形，顶端平截或圆钝。

【生态习性】耐寒、喜冷凉气候、忌炎热多雨，怕积水涝害。喜温暖湿润和阳光充足的环境，生长适温为 15～25℃，土壤要求疏松、富含有机质，含水量适中，pH7～9。

【花　期】6～10月份。

【栽培管理】扦插繁殖，幼苗期 3～5月份，性喜凉爽，在阳光充足、空气流通的条件下，生长最佳，生长适温为 15～25℃，在 30℃以上或 10℃以下容易引起莲座状丛生，只长茎不开花。土壤要求疏松，富含有机质，含水量适中，pH 值为 7 左右。冬季产花还需保持 15℃以上的温度要求。

【应　用】适宜于花坛、花境、路边和花篱栽植，布置地被、岩石园，也非常适合切花材料、盆栽观赏和盆景制作（图 9-94）。

图 9-94　满天星花枝

95. 天竺葵

【学　名】*Pelargonium hortorum*

【别　名】石蜡红，洋绣球，人腊红，绣球花，洋葵。

【科　属】胧牛儿苗科，天竺葵属。

【形态特征】多年生草花，具特殊气味。茎粗壮、多汁，茎基部木质化，被细柔毛。叶互生，圆形至肾形，基部心形，叶柄长叶大，边缘有波形钝锯齿，绿色，常具暗红色环纹。伞形花序生于嫩枝上端，花序柄长。小花多数，有重瓣、单瓣，花色有大红、粉红、肉红、玫瑰红、白色等。种子长椭圆形，棕色至褐色。

【花　期】花期较长，一年四季

图 9-95　天竺葵花、叶

除炎热的夏天之外均有花开，盛花期4～6月份。

【生态习性】原产非洲，现我国各地均有栽培。性喜光，喜温暖环境，怕水湿，喜干燥，怕高温，也不耐寒，适温为10～25℃，在夏季高温期，进入半休眠状态。

【栽培管理】扦插、播种为主，扦插繁殖，除炎热的夏天外，一年四季均可扦插繁殖。选取生长粗壮的枝条，约6cm剪去基部大叶，留1～2片小叶，稍凉萎后可扦插，入土深度为插条的1/3左右，保持土壤湿润20天左右可成活。上盆时施适量基肥，10天左右施一次液肥，可开花不断。冬季怕冷要放入温室内；夏季为休眠期，怕炎热、高温、雨水，要遮阳和控制浇水，勿施肥，切忌过湿。

【应　用】小花团簇，大花序形似绣球，花色繁多，花期很长，适宜花坛栽植，但是有异味，不易特意闻嗅。枝叶含有挥发性油类，能分泌出杀菌素，具有很强的杀菌能力。并能吸收电视机散发出的溴化三苯并呋喃（图9-95）。

图9-95-2　天竺葵开花植株

96. 鸢尾

【学　名】*Iri stectorum*

【别　名】草玉兰，蝴蝶花，蝴蝶蓝，铁扁担。

【科　属】鸢尾科，鸢尾属。

【形态特征】多年生草本，根状茎短而粗，植株高30～60cm。叶丛生剑形，淡绿色，先端尖，全缘。花茎从叶丛中抽出，花开枝端2～3朵，蓝，白色。

【生态习性】我国各地均有栽培。性强健，耐寒性强，喜生于排水良好的半阴湿的土壤中。

【花　期】5～6月份。

【栽培管理】分株、播种繁殖。分株繁殖在春、秋两季或花后进行为宜。在种子成熟时，采后即播，播种后2～3年开花。移栽时应施足基肥，生长期可施2～3次追肥，促使健壮，花大而色艳。

【应　用】叶翠，花大而色艳，适宜布置花坛、花境、林缘、山旁、湖畔；也可切花插瓶，布置室内，盆栽美化庭园（图9-86）。

图9-96　鸢尾花、叶

97. 唐菖蒲

【学　名】*Gladiolus hybridus*

【别　名】马兰花，什样锦，菖兰，剑兰。

【科　属】鸢尾科，唐菖蒲属。

【形态特征】多年生草花，高1m左右，球茎扁圆形，奶黄色或紫褐色。叶剑形互生，向两侧伸展，灰绿色。穗状花序蝎尾状，偏向一侧着花，着花可多达20余朵，呈漏斗形，花被6片，花色有白、黄、蓝、红、橙、紫，或有斑纹、斑点。

【生态习性】喜温暖、阳光充足的环境，在排水良好、肥沃的沙质土壤上生长良好。

【花　期】6～10月份。

【栽培管理】3～7月份，种球繁殖，也可8月份播种繁殖。栽植前施足基肥，种植后施少量骨肥，生长期多施液肥。夏季干旱及时浇水。地上茎叶发黄时，及时挖取球茎，放入室内通风干燥处，防止冻坏。

【应　用】花美色艳，花期较长，是切花，水养的重要材料，也可制作花篮、花环。适宜栽植于花坛、花境，也可成片栽植，既美化庭园，又可随时切花装饰室内（图9-97）。

图9-97　唐菖蒲开花植株

98. 小苍兰

【学　名】*Freesia refracta*

【别　名】香雪兰，洋玉簪，洋晚香玉。

【科　属】鸢尾科，香雪兰属。

【形态特征】多年生草花，球茎长卵圆形，茎柔弱，有分枝。基生叶长剑形。穗状花序顶生，稍有扭曲，花多偏一侧生，花长4cm左右，黄色，有芳香。变种有：红小苍兰，花瓣边缘有玫瑰紫色。

【生态习性】花期冬季，但不耐寒。喜温暖、湿润、阳光充足的环境，适生于排水良好、肥沃的沙质土壤。

【花　期】2～5月份。

【栽培管理】8～9月份分株繁殖，也可播种繁殖。生长期常施追肥，并保持土壤湿润。花后逐渐减少水量，叶枯黄后，挖出球茎，贮藏于通风干燥处，秋季栽植。

图9-98　小苍兰植株、花

【应　用】花姿秀丽，花香浓郁，适于庭园丛植或花坛镶边。也是重要的切花、盆花材料，用来布置美化室内（图9-98）。

99. 秋海棠

【学　名】*Begonia evansiana*

【别　名】四季海棠，瓜子海棠，八月春，相思草。

【科　属】秋海棠科，秋海棠属。

【形态特征】多年生常绿草本。高15～50cm，具须根。茎直立多分枝，肉质。叶互生，广椭圆状至卵状圆形，基部叶偏斜。花单性，生于叶腋，聚伞花序，雌雄同株。花色有红、白、粉红等，有单瓣、重瓣。翅果内有数枚种子。

【生态习性】原产巴西，我国各地均有栽培。冬季怕寒冷，要置于温室，夏季怕酷暑，应避免太阳直射，要遮阳。适宜20℃左右温暖、湿润的气候和疏松、肥沃、排水良好的中性土壤。

【花　期】四季开放。

【栽培管理】播种、扦插繁殖，也可分株繁殖。种子成熟后随采随播为好。播种后不需覆土，将盆土浸湿，盖上塑料薄膜或玻璃保湿、保温，置于半阴处，一周即可出苗。一年四季均可用枝插，选取健壮的枝条，带2个芽，插入培养土中，2～3周可成活。生长期要浇水，保持土壤湿润，每周施一次薄肥液，冬季要控制浇水。植株生长期要注意适时摘心，促使多发分枝多开花。要在温暖湿润的环境中生长，避免阳光直射。但要注意阳光，不能晒得太久。

【应　用】花繁叶茂，花期极长，是优良的盆栽观赏花卉，用来装饰室内、商场、宾馆、宴会厅等环境，装饰性很强。可陈设于室内光线较好的地方，长期显示它优美的体形和色彩，常布置在较宽的走廊、阳台、门前的花棚架等处，还能吸收甲醛等有毒气体（图9-99）。

图9-99　秋海棠花、叶

100. 花叶芋

【学　名】*Caladium bicolor*

【别　名】二色竹芋。

【科　属】竹芋科，竹芋属。

【形态特征】常绿宿根草本，有

图9-100　花叶芋叶

块状根茎。叶长椭圆形，长约15cm，宽约10cm，缘波状，叶面绿白色，中脉两侧有暗褐色斑块，叶背淡紫色，2/3以上呈鞘状。花序腋生，花白色。

【生态习性】热带植物，性喜半阴、高温、多湿环境。生长适温为15～25℃，冬季越冬不可低于7℃。冬季宜阳光充足，夏季需半阴环境，生长发育时要求高温。

【栽培管理】主要以分株法繁殖为主。5月上旬气温逐渐升高，切分大球或用于球植于沙质苗床。苗床要防止日光直晒，发芽后即可上盆。盆土以沙质壤土为佳，以免积水造成块茎腐烂。生长期要多浇水，并施含磷钾多的液肥。缺水会引起叶片萎凋，秋后逐渐减少浇水。晚秋温度降至15℃，叶片开始枯萎脱落，此时应停止浇水，让其休眠。秋冬之际挖出块茎贮藏在通风的室内，来年春天再种植。

【应　用】绚丽多彩的叶色带给人的是一种清风送爽的感觉，是盛夏室内最好的装饰植物之一。适宜布置花箱、盆栽装点客厅小屋，也可数盆群集于大厅内，而构成一幅色彩斑斓的图案。吸收氨气、甲醛的能力很强（图9-100）。

101. 矮牵牛

【学　名】*Petunia hybrida*

【别　名】碧冬茄，番薯花，灵芝牡丹，王冠灯。

【科　属】茄科，矮牵牛属。

【形态特征】多年生草本，高约40～60cm，全株具腺毛。单叶互生，上部的叶对生，卵形。花单生叶腋，花冠漏斗状，先端具5钝裂，花形变化很多。花色有白、黄、紫、紫红，也有具各种斑纹。

【生态习性】喜温暖、阳光充足的环境，不耐寒，忌积水。在疏松、肥沃、排水良好的沙质壤土上生长较好。

【花　期】花期6～10月份。

【栽培管理】春秋均可播种繁殖，同时也可扦插繁殖。种子细小，播种后不必覆土。发芽适温20℃。优秀品种采种困难，多以扦插繁殖，除夏季太热外，随时可以进行，尤以早春和秋凉后为宜，生根容易，成活率高。

【应　用】花朵美丽，适于布置庭园中的花坛、花境，丛植或自然式布置。重瓣品种可盆栽或切花美化室内。花卉能分泌杀菌素，能够杀死空气中的某些细菌，抑制结核、痢疾病原体和伤寒病菌的生长，使室内空气清洁卫生。还能吸收二氧化硫等有毒气体。种子药用，有杀虫、泄气之效（图9-101）。

图9-101　矮牵牛开花植株

102. 山桃草

【学　名】*Gaura lindheimeri*

【别　名】千鸟花，白桃花，白蝶花，千岛花，玉蝶花。

【科　属】柳叶菜科，山桃草属。

【形态特征】多年生宿根草本植物，它的株高为30~45cm，多分枝，入秋变红色，被长柔毛与曲柔毛。叶无柄，椭圆状披针形或倒披针形，向上渐变小，先端锐尖，基部楔形，边缘具远离的齿突或波状齿。花序长穗状，生茎枝顶部，花近拂晓开放；花瓣白色，后变粉红，排向一侧，倒卵形或椭圆形。

【生态习性】喜光照，非常耐寒，可耐-4℃的低温，植株在长日照下栽培时，开花更为一致。喜凉爽及半湿润气候，要求阳光充足、肥沃、疏松及排水良好的沙质土壤。耐半阴，耐干旱。

【花　期】5~8月份。

【栽培管理】播种或分枝法繁殖，春播、秋播均可，发芽适温15~20℃，生长强健。秋季播种，小苗需低温春化，阳光、土壤、水肥参照生长习性目录。发芽温度：8~20℃，发芽天数：12~20天；生长温度：15~25℃；生长天数：一般秋天播种，第二年春夏开花。

【应　用】株形紧凑，分枝良好极具观赏性，适合群栽，供花坛、花境、地被、盆栽、草坪点缀，适用成片群植园林绿地，非常适宜在小空间内种植，也可作插花使用（图9-102）。

图9-102　山桃草花枝

103. 彩叶草

【学　名】*Coleus blumei*

【别　名】洋紫苏，棉紫苏。

【科　属】唇形科，鞘芯花属。

【形态特征】多年生草本，株高为90cm左右。叶面深绿色，但具有红色等斑纹。总状花序，小花淡蓝色或带白色。彩叶草叶色有紫红、朱红、桃红、淡黄等斑纹。变种有皱皮彩叶草：叶缘，花纹皱皮状。

图9-103　彩叶草植株

【生态习性】喜高温、向阳、湿润气候；适生于疏松、肥沃土壤。但不耐寒、怕积水。

【花　　期】8~9月份。

【栽培管理】播种繁殖能产生叶色变化的品种，10~15天发芽。四季均可扦插繁殖，扦插后置于荫蔽处，加强水肥管理，平时以追施磷肥为主。生长期要摘心，以促进多枝生分枝。

【应　　用】为群众喜爱的观叶花卉。在可种植于花坛、花境、花箱，也适于盆栽，在5℃以上可以越冬。如冬季盆栽置于室内、几旁案头、窗台，极为艳丽而别致。也可制作花篮、花环（图9-103）。

104. 锦葵

【学　　名】*Malva sylvestris*

【别　　名】小蜀葵，单片花，棋盘花，一丈花，薯蕉花。

【科　　属】锦葵花科，锦葵属。

【形态特征】多年生草本，高1m左右，分枝多，叶互生，呈掌状裂，扁圆有锯齿。花较小，花瓣5枚。品种较多，花色大红、浑紫、粉红、墨紫、白色。

【生态习性】耐寒，喜阳光充足环境，在疏松、肥沃土壤中生长较好。

【花　　期】5~8月份。

【栽培管理】播种繁殖，也可进行分株和扦插法繁殖。分株繁殖在春季进行，扦插法仅用于繁殖某些优良品种。分株分株繁殖可在8~9月份进行，将老株挖起，分割带须根的茎芽进行更新栽植，栽后马上浇透水。在春季选用基部萌蘖的茎条，作插穗进行扦插。插穗长7~8cm，沙土作基质，扦插后遮阳至发根。

【应　　用】锦葵花色繁多而美丽，适宜布置花境、宅旁墙边，美化庭园，也适于路边林缘列植或丛植。红色的蜀葵十分漂亮，颜色鲜艳，矮生品种可作盆花栽培，陈列于门前。也可剪取花枝作瓶插，或作花篮、花束等用。还可组成繁花似锦的绿篱、花墙（图9-104）。

图9-104-1　锦葵开花植株

图9-104-2　锦葵花、叶

105. 蝴蝶兰

【学　名】*Phalaenopsis aphrodite*

【别　名】蝶兰，台湾蝴蝶兰。

【科　属】兰科，蝴蝶兰属。

【形态特征】多年生草本植物。茎很短，常被叶鞘所包。叶片稍肉质，常3~4枚或更多，上面绿色，背面紫色，基部楔形或有时歪斜，具有短鞘。花序侧生于茎的基部，长达50cm，花序柄绿色，花苞片卵状三角形；花白色，美丽，花期长。

【生态习性】原产于亚热带雨林地区，为附生性兰花。粗大的气根露在叶片周围，除了具有吸收空气中养分的作用外，还有生长和光合作用。本性喜暖畏寒。生长适温为15~20℃，冬季10℃以下就会停止生长，低于5℃容易死亡。最适宜的相对湿度范围为60%~80%。

【花　期】4~6月份。

【栽培管理】组培的瓶苗，在自然环境中适应几天，再从瓶中移出。种时先把种苗的根部包上水苔，种植于适宜的软盆中，置半阴处，保持相对湿度70%~80%，种后2~3天内不浇水。后期应注意通风，定时灌水。

图9-105　蝴蝶兰开花植株

图9-106　鹤望兰开花植株

【应　用】蝴蝶兰植株从叶腋中抽出长长的花梗，并且开出形如蝴蝶飞舞般的花朵，深受花迷们的青睐，素有"洋兰王后"之称。常用于切花、制作花束或盆插，也可布置花境、花箱，美化环境（图9-105）。

106. 鹤望兰

【学　名】*Strelitzia reginae*

【别　名】天堂鸟，极乐鸟花。

【科　属】旅人蕉科，鹤望兰属。

【形态特征】多年生草本植物，无茎。叶片顶端急尖；叶柄细长。花数朵生于总花梗上，下托一佛焰苞；佛焰苞绿色，边紫红，萼片橙黄色，花瓣暗蓝色；雄蕊与花瓣等长；花药狭线形。

【生态习性】原产非洲南部，中国南方有栽培，北方则为温室栽培。其喜温暖、湿润、阳光充足的环境，畏严寒，忌酷热、忌旱、忌涝。要求排水良好的疏松、肥沃、pH 6~7的沙壤土。生长期适温为20~28℃。

【花　期】花期在冬季。

【栽培管理】在中国南方地区如福建、广东、海南、广西、香港和澳门等地，必须人工辅助授粉，才能结种子。用种子繁殖。

【应　用】四季常青，叶大姿美，花形奇特，植株别致，具清晰、高雅之感。花期长可达100天左右，每朵花可开13～15天，1朵花谢，另一朵相继而开。切花瓶插可达15～20天之久，多用于自然式插花，将2株鹤望兰高低搭配。在其他花叶的衬托下，相偎相依，似一对热恋中的情侣在互诉衷肠，是室内观赏的佳品。可丛植于院角，用于制作花坛、花境景观（图9-106）。

107. 香雪球

【学　名】*Lobularia maritima*

【别　名】庭芥，小白花，玉蝶球。

【科　属】十字花科，香雪球属。

【形态特征】多年生草本，基部木质化，高10～40cm，全株被银灰色的"丁"字毛，茎呈丛状。叶条形或披针形，两端渐窄，全缘。花序伞房状，花梗丝状，萼片长约1.5mm，外轮的宽于内轮的，外轮的长圆卵形，内轮的窄椭圆形或窄卵状长圆形；花瓣淡紫色或白色，长圆形，长约3mm，顶端钝圆，基部突然变窄成爪。

【生态习性】产地中海沿岸，中国各地有栽培。喜冷凉，忌炎热，要求昭光充足，稍耐阴，宜疏松土壤，忌涝，较耐干旱瘠薄。

【花　期】3～4月份，露地栽培的6~7月份。

【栽培管理】播种繁殖，最适温度为15～20℃，在9月中下旬以后进行秋播，对播种用的基质进行消毒。也可扦插繁殖，通常结合摘心工作，把摘下来的粗壮、无病虫害的顶梢作为插穗，或直接用顶梢扦插。

【应　用】匍匐生长，幽香宜人，花开一片粉色，并散发阵阵清香，引来大量蜜蜂，是布置岩石园的优良花卉。也是花坛、花境、花台的优良材料，也适宜于盆栽观赏（图9-107）。

图9-107　香雪球开花植株

108. 毛地黄

【学　名】*Digitalis purpurea*

【别　名】洋地黄，自由钟，指顶花，金钟，心脏草等。

【科　属】玄参科，毛地黄属。

【形态特征】多年生草本植物。除花冠外，全体被灰白色短柔毛和腺毛，高60～120cm。叶片卵圆形或卵

图9-108　毛地黄开花植株

状披针形，叶面粗糙、皱缩。顶生总状花序长50~80cm，花冠钟状长约7.5cm，花冠蜡紫红色，内面有浅白斑点。

【生态习性】原产欧洲西部，中国各地有栽培，分布在海拔1200~1800cm的山区，植株强健，较耐寒、较耐干旱、忌炎热、耐瘠薄土壤。喜阳且耐阴，适宜在湿润而排水良好的土壤上生长。

【花　期】5~6月份。

【栽培管理】播种繁殖，育苗移栽培植。幼苗要注意及时浇水和松土除草，以减轻病害。定植后要立即浇水，促使缓苗。第1次追肥在6月底至7月初，第2次追肥在8月中旬。

【应　用】常用于花境、花坛及岩石园中，还可作自然式布置庭园环境（图9-108）。

109. 旱金莲

【学　名】*Tropaeolum majus*

【别　名】旱荷，寒荷，金莲花，旱莲花，金钱莲，寒金莲，大红雀。

【科　属】旱金莲科，旱金莲属。

【形态特征】多年生，或一年生的半蔓生植物。基生叶具长柄，叶片五角形，三全裂，二回裂片有少数小裂片和锐齿。叶互生，叶片圆形，由叶柄着生处向四面放射，边缘为波浪形的浅缺刻，背面通常被有疏毛或有乳凸点。单花腋生，花柄长6~13cm；花黄色、紫色、橘红色或杂色，花单生或2~3朵成聚伞花序，花瓣五，萼片8~19枚，黄色，椭圆状倒卵形或倒卵形，花瓣与萼片等长，狭条形。

【生态习性】中国南方作多年生栽培；华北则多秋播，盆栽室内培养，性喜温和气候，不耐严寒酷暑。适生温度为18~24℃。能忍受短期0℃喜温暖湿润，越冬温度10℃以上。夏季高温时不易开花，35℃以上生长受抑制。冬、春、秋季需充足光照，夏季盆栽忌烈日曝晒。

【花　期】6~10月份。

【栽培管理】播种繁殖，3~6月份春播。在秋季8月下旬或9月上旬播种也可以。在元旦、春节期间开花。使花朵外露盆栽需疏松、肥沃、通透性强的培养土，喜湿润，怕渍涝。

【应　用】全年均可开花，香气扑鼻，颜色艳丽，花色有紫红、橘红、乳黄等，金莲花蔓茎缠绕，乳黄色花朵盛开时，如群蝶飞舞，是一种重要的春节观赏花卉。叶肥花美形如碗莲，呈圆盾形互生具长柄。花朵形态奇特，腋生呈喇叭状，茎蔓柔软娉婷多姿，叶、花都具有极高的观赏价值。可用于盆栽装饰阳台、窗台或置于室内书桌、几架上观赏（图9-109）。

图9-109　旱金莲开花植株群落、花

110. 三色堇

【学　名】*Viola tricolor var.*

【别　名】蝴蝶花，鬼脸花。

【科　属】堇菜科，堇菜属。

【形态特征】多年生草花。植株高25cm左右。叶卵形或椭圆形，有锯齿，托叶羽状分裂。花大，花瓣5片，形如蝴蝶，又像鬼脸。每朵花都有黄、白、紫三种色，故称三色堇。常见栽培品种还有：阿尔泰堇菜，花大，黄色，紫色；紫花地丁，花淡紫色；角堇，花黄色有香味；香堇菜，花芳香；鸟足堇菜，花色紫白。

【生态习性】性较耐寒，喜凉爽气候，喜疏松肥沃土壤，不耐夏季炎热和积水。

【花　　期】12月份至翌年5月份。

【栽培管理】8～9月份播种繁殖。10天发芽，15周可开花，生长期施追肥2～3次，夏季勿施肥。也可扦插繁殖。

【应　　用】适于花坛、花境的配植，也可沿园路两边或草坪边缘配植（图9-110）。

111. 角堇

【学　　名】*Viola cornuta*

【别　　名】小三色堇。

【科　　属】堇菜科，堇菜属。

【形态特征】多年生草本花卉，株高15～20cm，冠幅为45～60cm。花小2～4cm，浅色多，中间无深色圆点，只有猫胡须一样的黑色直线，花形偏长。

【生态习性】有着良好的耐热性，喜凉爽环境，耐寒性强。日照不良，开花不佳。适宜肥沃、排水良好、富含有机质的壤土或沙质壤土。

图9-110　三色堇开花植株

【花　　期】植株可从春季至秋季持续开花不断，圆垛状的株形非常紧凑。

【栽培管理】播种繁殖，南方多秋播，北方春播，发芽适温为15～20℃，一周左右发芽。40天后带土坨定植。生长期每月施肥一次，开花后停止施肥。注意防治炭疽病、灰霉病及蚜虫、红蜘蛛等。种子发芽适温约15～20℃，气温高于25℃会发芽不良。种子细小，播种后用粗蛭石略为覆盖，约5～8天后发芽。大约30天后，叶片长到三至四枚时，就可移植。

【应　　用】芳香气味，深绿色的叶片更衬托出黄色花朵的明亮。角堇

图9-111　角堇开花植株

的株形较小，花朵繁密，开花早、花期长、色彩丰富，是布置早春花坛的优良材料，也可用于大面积地栽而形成独特的园林景观，家庭常用来盆栽培观赏（图9-111）。

112. 马蹄莲

【学　名】*Zantedeschia aethiopica*

【别　名】水芋，慈姑花，观音莲。

【科　属】天南星科，马蹄莲属。

【形态特征】多年生宿根草花，高70cm左右，肉质根状茎。叶基生，有长柄，全缘，叶片卵状箭形。肉穗花序圆柱形，鲜黄色，雌雄同株，上部雄花下部雌花。栽培品种有：红花马蹄莲，佛焰苞红色，或白色，4~6月份开花；黄花马蹄莲，叶有半透明，白色斑点，佛焰苞黄色。还有银星马蹄莲，佛焰苞白色。

【生态习性】喜温暖、湿润、阳光充足的环境，不耐寒，忌干旱。适生于疏松、肥沃、排水良好的土壤。

【花　期】7~8份月开花。

【栽培管理】花后分株繁殖，也可播种繁殖。夏季怕暴晒，应放在荫棚下，适当减少用水量。开始施足基肥，春秋两季增加追肥。

【应　用】名贵切花材料，也可扎制花篮等；用以盆栽布置室内、厅堂、会场。花小浓郁芬芳，使用配植于花境之中，或栽植于石旁、路边、草坪或花灌木丛间，美化庭园（图9-112）。

图9-112　马蹄莲开花植株、花

113. 仙客来

【学　名】*Cyclamen persicum*

【别　名】萝卜海棠，兔儿花，一品冠。

【科　属】报春花科，报春花属。

【形态特征】多年生球根草花，球茎肉质圆形。叶具长柄，心形，从球茎顶部出生。花梗细长，单生于球茎顶部叶腋，高15~20cm，花朵下垂，花瓣外卷，有白、红、紫等色。有的品种具香味。蒴果球形，内有种子多枚。

【生态习性】性喜温暖、湿润的气候和肥沃、疏松、排水良好的沙质土壤。不耐夏季高温，高湿，休眠时喜凉爽、干燥。

【花　期】冬季。

图9-113　仙客来开花植株

【栽培管理】春秋播种繁殖，提前用30℃温水浸种3h。长出3片真叶时应及时分栽。小球茎栽入1/3即可；也可分割球茎繁殖，每一块球茎一定要有芽。适宜温度再18℃下生长。现蕾期10天施一次液肥，花期不易施肥，夏季休眠期要控制浇水。4～5年，生长开花为盛。

【应　用】适宜冬季室内盆栽观赏。在华南地区配置花坛，或点缀石旁作为花境，美化庭园（图9-113）。

114. 晚香玉

【学　名】*Polianthes tuberose*

【别　名】夜来香，月下香，夜情花。

【科　属】石蒜科，晚香玉属。

【形态特征】多年生草花，鳞状茎长圆形。基生叶带状，亮绿色，基部淡红色。总状花序顶生，有花20朵左右。对生，自下而上逐渐开放，花白、黄色，浓香，入夜香味更浓。

【生态习性】高温暖湿润、阳光充足的环境，忌积水，生态期宜高温。适生于肥沃、疏松、排水良好的壤土。

【花　期】6～10月份。

【栽培管理】3月上旬至4月上旬分子球繁殖。秋季茎叶枯萎后挖出地下茎，剪出萎缩的老球，将剩下的种子球挂在通风、温暖、干燥的室内保存。3～4月份，将子球浸入水中24h之后，取出种植，球顶微露出头。平时经常灌水施肥，保持土壤湿润。1～2年后即可开花。花蕾期追施薄肥，花期长浇水。

【应　用】花小浓郁芬芳，微风吹拂，香飘满园。可配植于花境之中，或栽植于石旁、路边、草坪或花灌木丛间。夜晚幽香馥郁，是夜市花园的好材料，也是夏季切花的重要材料。亦可制作花篮、花环或盆栽装饰室内，美化庭园（图9-114）。

图9-114　晚香玉花枝

115. 石蒜

【学　名】*Lycoris radiata*

【别　名】老鸦蒜，蟑螂花，忽地笑。

【科　属】石蒜科，石蒜属。

【形态特征】多年生球根花卉，鳞茎椭圆形，长4～5cm，直径2.5～4cm，上端有长约3cm的叶基，基部生多数白色须根。基生叶宽线性，长约35cm。叶正面深绿色，背面色淡。花葶从叶丛中抽出，与叶近等长，伞形花序顶生，有花5～12朵，花瓣反卷，花色鲜红。蒴果背裂。种子多数。品种有：忽地笑，花大黄色；鹿葱，又称夏水仙，花粉红色，芳香。

【花　期】花期8～10月份。果期10～11月份。

【生态习性】原产于我国，喜阳，怕强光直射，耐半阴，喜湿润，耐干旱，稍耐寒，宜排水良好、富含腐殖质的沙质壤土。

【栽培管理】分鳞茎繁殖，通常3～4年分栽一次。春、秋两季可分植，鳞茎繁殖。可在花后分球栽植。选择排水良好的地方栽植。栽植深度以土将球顶部盖没即可。接近休眠期时，应逐渐减少浇水。春、秋两季用鳞茎繁殖。鳞茎不宜每年来收，一般4～5年掘起分栽一次。

【应　用】冬季叶色深绿，绿化庭园，打破了冬日的枯寂气氛。夏末秋初葶葶花茎破土而出，花朵明亮秀丽，雄蕊及花柱突出，非常美丽。可成片种植于庭园。常用作背阴处绿化，4～5年挖起分栽花坛、花境均可丛植、群植。可做林下地被花卉，丛植或山石间自然式栽植。因其开花时无叶，所以与其他较耐阴的草本植物搭配为好。也可供盆栽、水养、切花等用。鳞茎有毒，入药有催吐、祛痰、消肿、止痛之效（图9-115）。

116. 水仙花

【学　名】*Narcissus tazetta var*

【别　名】雅蒜，天葱，金盏银台。

【科　属】石蒜科，水仙属。

【形态特征】多年生球根草花，具肥大层状鳞茎，卵形或卵状球形，外被有棕褐色薄膜。叶带状，长30cm。伞形花序一至多枚，具浓香，花被6片，基部为筒状。常见的栽培品种有：漳州水仙，花重瓣，香味浓；单瓣喇叭水仙，花白色，形如圆盘，中央副冠呈杯状，黄色，具浓香。

【生态习性】喜水，喜温暖、湿润及阳光充足的环境，耐半阴，耐瘠薄土壤。花期需要充足的阳光。

【花　期】1～2月份。

【栽培管理】分球繁殖。秋天将母球旁边的小鳞茎分别取下栽植，3～4年即可长大开花。在生长期，需大量的水、肥。5～6月份，挖球阴干，9～10月份可选大球盆栽或水养。养时可先除去褐色外皮，放入浅盆中，待芽根长出后，再置于阳光下。夜间倒水，白天灌水。15～20℃条件下1个月可以开花。

图9-115　石蒜开花植株、花葶

图9-116　水仙花的花、叶

【应　用】植株娟秀素雅，花香宜人，素有"凌波仙子"的雅称。春节开花，适于水养，盆栽布置室内，点缀窗台、案头、芳香，袅娜动人。可配置于花台、花箱、水旁等处，庭园露地栽培美化环境（图9-116）。

117. 君子兰

【学　名】*Cliuia nobilis*

【别　名】剑叶石蒜，达木兰，大叶石蒜。

【科　属】石蒜科，君子兰属。

【形态特征】多年生草本花卉。带状叶着生于短茎上，分2列，相互重叠，全缘，质梗厚有光泽，色绿。花葶从叶腋抽出，伞形花序顶生，漏斗状，花色有橘红、鲜红、深红、橙黄等。浆果球形，绿色，成熟后紫红色。

【生态习性】原产南非，现我国各地均有栽培。喜温暖、湿润的气候，不耐寒，怕阳光直射，半阴环境中生长良好。适宜再微酸性的腐殖质土壤中生长，要求土壤疏松、肥沃、排水良好。

【花　期】1~6月份。

【栽培管理】分株、播种繁殖。分栽是将母体旁边的小子球栽植；另外是分蘖繁殖，根茎易产生萌蘖，将萌蘖分离母体繁殖。这两种繁殖都是在花后结合换盆进行。种子成熟后，播于盆内培养土中，保持盆土湿润，待幼苗长出即可移植。春季换盆应施足基肥，置于荫棚下，生长期要保持盆土湿润，多施追肥。夏季要置于阴凉通风处，叶面常喷水，停止施肥，以免烂根。冬季要移入不低于5℃的室内，以免冻坏。

【应　用】君子兰是名贵盆栽花卉。叶繁花茂，色彩艳丽，使人赏心悦目，给人以高雅的享受。适宜盆栽布置装饰客厅、书房、门厅，极为美观。布置展厅、会议厅、宾馆等也十分高雅别致（图9-117）。

图9-117　君子兰开花植株

118. 朱顶红

【学　名】*Hippeastrum vittatum*

【别　名】朱顶兰，百枝莲，孤挺花。

【科　属】石蒜科，孤挺花属。

【形态特征】多年生草花，鳞茎

图9-118　朱顶红开花植株

球形。叶2裂对生略带肉质，宽带状，长约25~30cm。伞形花序，花茎中空，有花3~6朵，花大喇叭状，花色红、白、玫瑰红，或有白条纹。

【生态习性】适于温暖、湿润、半阴环境，不耐寒，忌酷暑烈日晒。喜富含腐殖质、排水良好的沙质壤土。

【花　期】3~6月份。

【栽培管理】6~7月份播种繁殖；3~4月份分离小球茎繁殖。冬季叶枯死，在球茎上覆土越冬，隔年挖球1次。春、夏2周施浓肥一次。忌强光直射，秋季要少浇水，保证安全过冬。

【应　用】花大色艳，适于庭园、花境、花坛种植。可供盆栽观赏，切花更有观赏价值，瓶插水养与观叶植物相配更佳（图9-118）。

119. 玉簪

【学　名】*Hosta plantaginea*

【别　名】玉春棒，白鹤花，银针，夜来香。

【科　属】百合科，玉簪属。

【形态特征】多年生草花，地下茎粗壮，叶成丛生，卵形至心形，长20cm左右，宽15cm左右，总状花序顶生，花白色，形似玉簪，浓香。

【生态习性】喜温暖、湿润的环境，耐寒，忌烈日直射，在树荫下生长茂盛，适生于肥沃、湿润、排水良好的土壤。

【花　期】6~7月份。

【栽培管理】春、秋可以分株繁殖。将根茎分段栽种，每段保留2~3个芽眼。也可播种繁殖。生长期注意浇水施肥。

【应　用】花香袭人，夜间尤甚，微风吹拂，香飘四溢，适于庭园中、建筑物、假山石北面荫蔽处栽植；也是庭园树下较好的地被植物。切花插瓶经久不凋萎，盆栽观叶、观花、色香俱全，装饰室内；也可是夜市花园的好材料（图9-119）。

图9-119　玉簪植株、叶、花

120. 百合

【学　名】*Lilium brownii var*

【别　名】卷帘花。

【科　属】百合科，百合属.

【形态特征】多年生草花。高达1m。地下鳞茎由肉质鳞片抱合，中间芽出土成茎，单叶互生或轮生，披针形。花生茎顶端，单生或数朵轮生，花冠漏斗状，花色有深浅不同的白色、黄色、红色带斑点、条纹橙红色，下垂；山丹，花鲜红或紫红；白花百合，鳞茎淡白色，花4~5朵，乳白色；麝香百合，又称铁炮百合，鳞茎白黄色，花2~3朵，黄白色；鳞子百合，鳞茎白色至褐色，花数朵白色带粉红晕、紫红斑点。

【生态习性】喜光、稍耐阴，在深厚肥沃、排水良好的沙质壤土上生长较好。

【花　期】6~8月份。

【栽培管理】用株芽、鳞片、小球繁殖，也可用种子繁殖，种子成熟后立即播种。每年追施矾肥水。盆土选用泥炭、河沙、腐叶配制的酸性培养土。生长期使用饼肥浸出液追肥1~2次，不用草木灰等碱性肥料。

【应　用】花大姿态优美，花香使人兴奋。花期较长，开花时婀娜多姿，娇艳动人。特别适合于庭园栽培，适合于盆栽、切花使用，在庭园中多群植于树下、林缘。也可盆栽，特别是切花插瓶，高雅、纯洁、幽香，做室内装点案头，芳香扑鼻，情趣横生。能够吸收苯和二甲苯、三氯乙烯等有害气体。净化空气中的一氧化碳、二氧化硫。百合也能吸收电视机散发出的溴化三苯并呋喃有毒物质。百合营养价值很高，蛋白质、糖类和矿物质含量比较丰富（图9-120）。

图9-120　百合花

图9-121　萱草开花植株

121. 萱草

【学　名】*Hemerocallis fulva*

【别　名】忘忧草，黄花菜，金针菜。

【科　属】百合科，萱草属。

【形态特征】多年生宿根草花，有短粗根状茎和肉质根。叶基生，带状披针形，长60cm左右。花葶粗壮，高约1m，圆锥花序顶生，花冠漏斗形，花色有淡黄、金黄、米黄、绯红、玫瑰、淡紫等。变种有：千叶萱草，花重瓣；重瓣萱草，花重瓣；长筒萱草，花被筒很长；斑花萱草，花有红紫色条纹；玫瑰红萱草，花玫瑰红。常见栽培品种有：黄花菜，花淡黄色，芳香，夜间开放；小黄花菜，植株较矮小；北黄花菜，植株哦较高，色较淡。

【生态习性】喜阳光充足，耐寒，耐干旱，耐半阴。对土壤要求不严，在腐殖质、排水良好的土壤生长较好。

【花　期】6~8月份。

【栽培管理】春、秋分株繁殖，3～5年分株一次。也可播种繁殖，采种后即播，当年不发芽，次年春发芽。12月份至翌年3月份，把母株挖出剪去老根及过多的须根，4～5月份常施薄肥，平时保持土壤湿润。

【应　用】花色鲜艳，朝开暮落，绿叶成丛，极为美观。可成丛布置花境，绿化美化庭园环境（图9-121）。

122. 郁金香

【学　名】*Tulipa gesneriana*

【别　名】洋百合，郁香。

【科　属】百合科，郁金香属。

【形态特征】多年生草花。鳞茎卵圆形，皮膜淡黄色。茎光滑，被白粉。其生叶3～5枚，披针形，边缘有毛。花单生直立杯形，有红、橙、白、紫、黄色等。

【生态习性】性喜凉爽、湿润、向阳、耐寒。喜生于富有腐殖质、排水良好、疏松、肥沃的沙质土壤。

【花　期】3～4月份。

【栽培管理】分球繁殖为主，也可用种子繁殖。6月上旬，进入休眠状时，挖取鳞茎贮藏。10月中旬，分栽鳞茎。幼苗出土和现蕾后，各施一次薄肥。平时要保持盆土湿润，天气干旱时要浇透水。

【应　用】植株较矮，开花整齐，色彩娇艳，为花坛、花境种植的好材料，也是切花、插花、盆栽、美化室内和庭园的好材料（图9-122）。

123. 风信子

【学　名】*Hyacinthus orietalis*

【别　名】五色水仙，洋水仙。

【科　属】百合科，风信子属。

【形态特征】多年生草花。具有球形鳞茎，皮膜有光泽。单叶4～8

图9-122　郁金香开花植株

图9-123-1　风信子开花植株

图9-123-2　风信子花

枚基生，叶带状、肥厚，披针形。花径中空，稍比叶高。总状花序，钟状小花10～40朵，有白、黄、粉红、蓝、紫等色，花芳香。

【生态习性】喜阳光、温暖、湿润的环境，不耐寒。适于疏松肥沃排水良好的沙质土壤。秋凉时生根，春季抽叶开花，夏季休眠。

【花　期】3～4月份。

【栽培管理】秋季播种繁殖，4～5年开花。如果在秋季分球繁殖2年生可开花。也可水养（似水仙花）。7月份，叶枯时，可将鳞茎挖出阴干贮藏，秋后分栽。盆栽土壤要湿润，开花前后要施追肥。

【应　用】可配置花坛、园路两旁、草坪边缘，特别是冬季适于盆栽水养或作切花使用，布置室内外或庭园美化（图9-123）。

124. 美人蕉

【学　名】*Canna indica*

【别　名】红艳蕉，昙华，蓝蕉，红蕉。

【科　属】美人蕉科，美人蕉属。

【形态特征】多年生草花，高1～2m，根状茎肉质、光滑，茎叶均被白粉。叶肥大、互生，广椭圆披针形，全缘，羽状叶脉。总状花序，花径10～20cm，花有鲜红、橘红、粉红、橙黄、淡黄、乳白，还有矮型、水生和不同叶色的品种。

【生态习性】喜高温湿润、阳光充足的环境；不耐寒。在肥沃湿润、排水良好、土层深厚、多腐殖质的土壤中生长较好。

【花　期】6～9月份。

【栽培管理】春季分割根茎繁殖，每块根茎带3个顶芽。春季，也可采取播种繁殖，但是需将种子在温水中浸泡24h后，割伤种皮进行播种。栽植前先施足基肥，生长期再施2～3次追肥。北方秋后将根茎挖起，晾晒3～5天，埋入沙土中越冬。

图9-124　美人蕉花

【应　用】花大色艳，枝叶繁茂，花期长，开花时正是夏季炎热少花的季节，花叶均供观赏，矮生美人蕉可作阳性地被，或斜坡地被，所以在园林中应用极为普遍。适宜片植、丛植，或作为单向花坛花境的背景，或植于建筑物、灌木之前。矮生种植盆栽，也可切花、插花供室内装饰。常种植于花坛、花境，或成行植成花篱，或作室内盆栽装饰，是园林绿化的好材料。能吸收氯气、氟气、二氧化硫及汞蒸气。根茎及花可入药（图9-124）。

125. 花毛茛

【学 名】*Ranunculus asiaticus*

【别 名】芹菜花,波斯毛茛,陆莲花。

【科 属】毛茛科,花毛茛属。

【形态特征】多年宿根草本花卉,块根纺锤形,常数个聚生于根颈部;姿态玲珑秀美,花色丰富艳丽。茎单生,或少数分枝,有毛;基生叶阔卵形,具长柄,茎生叶无柄,为2回3出羽状复叶。花单生或数朵顶生,花色丰富,多为重瓣或半重瓣,花型似牡丹花,故常被称为芹菜花、芹叶牡丹。有重瓣、半重瓣,花色丰富,有白、黄、红、水红、大红、橙、紫和褐色等多种颜色。

【生态习性】性喜气候温和,空气清新湿润,不耐严寒冷冻,喜凉爽及半阴环境,忌炎热,适宜的生长温度白天20℃左右,既怕湿又怕旱。

【花 期】4~5月份。

【栽培管理】球根分株繁殖、种子繁殖及组织培养繁殖。球根分株繁殖生育周期短、开花早、株型大、开花多及栽培较容易。6月份后块根进入休眠期。盆栽要求富含腐殖质、疏松肥沃、通透性能强的沙质培养土。

【应 用】株形低矮,色泽艳丽,花茎挺立,花形优美而独特;花朵硕大,靓丽多姿;花瓣紧凑、多瓣重叠;花色丰富、光洁艳丽其赏花期30~40天,独具风格,是春季盆栽观赏的佳品,适宜布置庇荫林下露地花坛及花境(图9-125)。

图9-125 花毛茛开花植株

126. 佛甲草

【学 名】*Sedum lineare*

【别 名】半支连,万年草,佛指甲。

【科 属】景天科,景天属。

【形态特征】多年生草本,茎高10~20cm。3叶轮生,叶线形,先端钝尖,基部无柄。花序聚伞状,顶生,疏生花,萼片5,线状披针形,花瓣5,黄色,披针形,先端极尖,

图9-126 佛甲草植株、花

第九章 常用花卉景观植物

257

基部稍狭。

【生态习性】生长适应性强，耐寒、耐旱、耐盐碱、耐瘠，抗病虫害，喜阴凉、湿润环境。以疏松、肥沃、排水良好的夹沙土较好，过黏或积水的土地不宜栽培。夏天50～55℃、连续20天不下雨也不会死亡。

【花　期】4～5月份。

【栽培管理】无性繁殖，主要适合于雨季或阴天进行，要求地势平坦，土壤疏松，已耕耙的湿润地块，做畦不宜过大，过大操作不便，将生长旺盛的茎叶剪成3～4cm，均匀的撒种在整好的畦内。扦插适合于夏、秋两季进行。

【应　用】多年生草本多浆植物，含水量极高，其叶、茎表皮的角质层具有超常的防止水分蒸发的特性。茎肉多汁，碧绿的小叶宛如翡翠，整齐美观，既可作为盆栽欣赏，也可作为露天观赏地被栽植。它有良好的抗旱性、降温和节水效果，适用于屋顶绿化装饰。采用无土栽培，负荷极轻，可取代传统的隔热层和防水保护层。生命力强，耐旱性好，极易栽种，茎叶匍匐覆盖地面，整齐美观，是优良的观赏地被。其根系纵横交错，与土壤紧密结合，能有效地防止水土流失，故用来护坡更为适宜。它耐阴性好，在园林绿化中可与乔木和花灌木等配置在一起覆盖地面。在室内栽植，一年四季郁郁葱葱，翠绿晶莹，十分惹人喜爱（图9-126）。

127. 红花景天

【学　名】*Sedum* sp

【科　属】景天科，景天属。

【形态特征】多年生宿根草本，全株呈淡绿色，茎圆柱形、粗壮，地上茎簇生，茎基部褐色，稍木质化，上端淡绿色，稍被白粉，粗壮而直立，叶轮生或对生，具波状齿，淡绿色或灰绿色，被较厚的白粉。花顶生聚伞形花序，花径约10～13cm，萼片5枚，前期花蕾呈灰绿色，逐步变为深粉红色。

【生态习性】适应性极强，喜光，喜欢通风良好、比较干燥的环境，也耐轻度遮阳，耐瘠薄不择土壤，以排水良好的沙壤土为宜。抗寒力强，也较耐盐碱，过黏或积水的土地不宜栽培。适生温度为15～18℃。

【花　期】8～11月份。

【栽培管理】无性繁殖，适合于雨季或阴天进行，扦插于夏、秋两季进行。要求地势平坦、土壤疏松、已耕耙的湿润

图9-127　红花景天开花植株

地块，做畦不宜过大，过大操作不便，将生长旺盛的茎叶剪成3～4cm，均匀地撒种在整好的畦内。

【应　用】小花密集，花型整齐，花期较长，观赏期可达8个月之久，开花时群体效果好，盛花期花团锦簇。用于布置花坛、花境，或成片栽植，也可盆栽作观叶植物置于室内。可做镶边植物和种植花带、花篱，还可在草坪中布置大型图案，亦可点缀岩石园，或配置花坛、花境、花台、花箱，装饰道路广场和庭园（图9-127）。

五　水生花卉

水生花卉是指植株终年生长在水中的花卉。

128. 荷花

【学　名】*Nelumbo nucifera*

【别　名】莲，水芙蓉，水华，水芝。

【科　属】睡莲科，莲属。

【形态特征】多年生水生花卉，根茎肥大圆柱形、扁形，有节，横生于水地称之为"藕"。有白色、黄褐色等。叶形大，盾状圆形，叶面深绿色，背面浅绿色。花单生，两性，有单瓣、重瓣，花色有红、白、粉红等色，花大有清香。白天开放夜间合闭，可持续3天。果实椭圆形，又称之"莲子"。

【生态习性】原产我国南方亚热带水湿地区，喜阳光充足。温暖的环境，喜肥沃富含有机质的土壤。

【花　期】花期6～8月份。莲子8～9月份成熟。

【栽培管理】以分栽藕为主，早春将池水抽干，加入腐熟的有机饼肥，将泥浆调和匀。切取藕种2～3节，带顶芽。也可4～6月播种前将莲子凹进一端的种皮挫破，放入清水中浸种10天左右播种。种藕应在泥土中过冬。盆栽荷花每年换盆一次，施足腐熟的有机肥料。

【应　用】荷花素洁美丽，花大色艳，夏季盛开，清香四溢，素有出污泥而不染之美称。绿化美化水面，或盆栽观赏别有情趣。莲子具有补脾止泻、益肾涩精、养心安神功能；藕还有清热、凉血、散瘀、健脾、开胃、生肌作用（图9-128）。

图9-128　荷花开花植株

129. 睡莲

【学　名】*Nymphaea tetragona*

【别　名】子午莲，水浮莲。

【科　属】睡莲科，睡莲属。

【形态特征】多年生水生花

259

卉。根茎横生，肥大，长圆柱形，有节，根生于节下。叶从节上生出，浮于水面，叶柄细长，叶马蹄形，全缘，正面深绿色，背面带红色。花单生，有黄、红、白、粉红等色，上午开放，下午闭合，次日上午又开，一朵花能持续3～4天。

【生态习性】原产亚洲南部、北美等地。性喜水湿，喜阳光充足、通风良好的环境，富含有机质肥沃土壤为宜。

【花　期】6～10月份。

【栽培管理】一般采用分株繁殖，春季3～4月进行，将根茎挖出，截成10～15cm长平栽于泥塘中，保持20～30cm的水深，夏季水要深些，约60cm。也可播种繁殖，夏秋播种在富含腐殖质的泥浆中，40天左右的小苗长出3～5片小叶时即可栽植。小苗移栽后保持水深3～5cm，置于阴凉处，10天左右移到阳光充足、通风良好处。冬季温度保持6℃以上，平常每周换水一次，保持适当水层。平时要注意追肥、除草、除虫。

【应　用】花大色艳，叶色浓绿，是绿化美化水面的优良的花卉，也可用大盆栽种布置庭园，别有情趣。莲藕味甘，富含淀粉、蛋白质、维生素C和维生素B_1，以及钙、磷、铁等无机盐，藕肉易于消化（图9-129）。

130. 萍蓬草

【学　名】*Nuphar pumilum*

【别　名】黄金莲，萍蓬莲。

【科　属】睡莲科，萍蓬草属。

【形态特征】多年生水生花卉。浮水叶为主，在水中有少许的沉水叶；沉水叶较小且薄，边缘呈波浪

图9-129-1　睡莲开花植株

图9-129-2　睡莲花、叶

图9-130　萍蓬草开花植株、花、叶

状；浮水叶近于圆形，下表面具有许多短毛；叶柄横切面呈三角形，叶柄基部膨大。花梗圆形，具有白色的长柔毛；花瓣10枚，线形，黄色，红色。初夏时开放，是夏季水景园中极为重要的观赏植物。

【生态习性】性喜在温暖、湿润、阳光充足的环境中生长。对土壤选择不严，以土质肥沃略带黏性为好。适宜生长在水深30~60cm，最深不宜超过1m。生长适宜温度为15~32℃，温度降至12℃以下停止生长。耐低温，长江以南越冬不需防寒，可在露地水池越冬；在北方冬季需保护越冬，休眠期温度保持在0~5℃即可。

【花　期】初夏时开放。

【栽培管理】种子在繁殖，地下茎以营养繁殖。果实成熟之后裂开，露出白色的内果皮，种子就包在这内果皮之中，具有黏性，可以帮助种子在水面漂浮一段时间，最后种子才会完全被释放出来，沉到水底。种子是萍蓬草散播的重要机制，而地下茎则是它到达一个新的地方之后，拓展领域占领地盘最有利的方式。

【应　用】萍蓬草为观花、观叶植物，多用于池塘水景布置，与睡莲、莲花、荇菜、香蒲、黄花鸢尾等植物配植，形成绚丽多彩的景观。初夏时开放，是夏季水景园中极为重要的观赏植物（图9-130）。

131. 凤眼莲

【学　名】*Eichhornia crassipes*

【别　名】水葫芦，水浮莲，革命花，水风信子。

【科　属】雨久花科，凤眼莲属。

【形态特征】多年生水生草本，根深于泥中，植株直立漂浮于水面。叶丛生，卵形至椭圆形，光滑有光泽，叶柄基部膨大呈葫芦形，内部海绵状结构，充满空气，以利浮动。穗状花序，花6~12朵，蓝紫色。

【生态习性】原产南美，现我国江南各省水面均有栽培。性喜温暖及富有机制的静水面，喜阳光充足，在温暖的地方可露地越冬，畏寒。

【花　期】7~9月份。

【栽培管理】分蘖繁殖，适宜水流不大或静止的水中生长，水深以30cm左右为宜，它分生力极强，雨季更盛，能很快布满水面。对水质要求不严，但有严重污染的水中不易养殖。在寒冷的地方、冬季需在具有防寒措施的水池越冬。

【应　用】在庭园中常用来覆盖、装饰水面，花色艳丽，叶形奇特，其花叶均可切花供观赏，也可盆栽观赏。冬季同时也是一种很好的水生饲料，可供饲养动物（图9-131）。

图9-131　凤眼莲开花植株花、叶

132. 雨久花

【学　名】*Monochoria korsakowii*

【别　名】浮蔷，蓝花菜，蓝鸟花。

【科　属】雨久花科，雨久花属。

【形态特征】一年生花卉、挺水植物，主要生长在浅水池、水塘、沟边或沼泽地中。直立水生草本；根状茎粗壮，具柔软须根。茎直立，高30～70cm，全株光滑无毛，基部有时带紫红色。叶基生和茎生；基生叶宽卵状心形，顶端急尖或渐尖，基部心形，全缘，具多数弧状脉；叶柄有时膨大成囊状；茎生叶叶柄渐短，基部增大成鞘，抱茎。总状花序顶生，有时再聚成圆锥花序；花10余朵，具5～10mm长的花梗；花被片椭圆形，顶端圆钝，蓝色。

【生态习性】分布中国东北、华南、华东、华中等地，喜光照充足，稍耐荫蔽。性强健，耐寒，多生于沼泽地、水沟及池塘的边缘，喜温暖，不耐寒，在18～32℃的温度范围内生长良好，越冬温度不宜低于4℃。

【花　期】花期7～8月份，果期9～10月份。

【栽培管理】播种繁殖，进行秋播，为了保证开花繁茂，每天应保证植株接受4h以上的直射日光。

图9-132　雨久花开花种植、花、叶

图9-133　莕菜开花植株

【应　用】花大而美丽，淡蓝色，像只飞舞的蓝鸟，所以又称之为蓝鸟花。而叶色翠绿、光亮、素雅，在园林水景布置中常与其他水生花卉观赏植物搭配使用，单独成片种植效果也好，沿着池边、水体的边缘按照水景的要求可作带形或方形栽种，一种极好而美丽的水生花卉（图9-132）。

133. 莕菜

【学　名】*Nymphoides peltatum*

【别　名】荇菜，接余，凫葵，水镜草，余莲儿，水荷叶。

【科　属】龙胆科，莕菜属。

【形态特征】多年生水生草本。茎圆柱形，多分枝，密生褐色斑点，节下生根。上部叶对生，下部叶互生，叶片漂浮，近革质，圆形或卵圆形，直径1.5～8cm，基部心形，全缘，有不明显的掌状叶脉，下面紫褐色，密生腺体，粗糙，上面光滑，叶柄圆柱形，长5～10cm，基部变宽，呈鞘状，半抱茎。花簇生节上，5数；花梗圆柱形，不等长，稍短于叶柄；花冠金黄色，分裂至近基部，冠筒短，喉部具5束长柔毛，裂片宽倒卵形，先端圆形或凹陷，中部质厚的部分卵状长圆形，边缘宽膜质，近透明，具不整齐的细条裂。

【生态习性】生于池塘或不甚流动的河溪中，耐寒又耐热，喜静水，适应性很强。

【花　期】花果期4～10月份。

【栽培管理】播种繁殖，3月中旬进行催芽，4月上旬待温度上升到13℃以上时即可。将培养土装盆的2/3，浸透水后，将种子撒播在泥土表面，再在上面撒一层细土或砂，加水1～3cm，上盖上玻璃，保温保湿。约1月生长出浮水叶，这时需要分离育苗培养，待苗长到4~5片浮叶时即可移栽定植。无性繁殖：即分株繁殖。在春夏季靠根状茎分枝形成匍匐茎，茎上节处生根长芽，形成小植株时，截取作繁殖材料。

【应　用】可作水面绿化，叶形似缩小的睡莲，小黄花艳丽，繁盛，装点水面很美，还可以净化水质。叶漂浮水面，花大而美丽供观赏（图9-133）。

参考文献

［1］陈俊愉等. 中国花经.［M］. 上海：上海文化出版社，1995.

［2］程绪珂等. 生态园林论文集［M］. 上海：园林杂志社，1990.

［3］周维权. 中国古典园林史［M］. 北京：清华大学出版社，1999.

［4］金　煜. 园林植物景观设计［M］. 沈阳：辽宁科学技术出版社，2015.

［5］董　丽. 园林花卉应用设计［M］. 北京：中国林业出版社，2010.

［6］苏雪痕. 植物造景［M］. 北京：中国林业出版社，2008.

［7］胡长龙. 庭园与室内绿化装饰［M］. 上海：上海科学技术出版社，2008.

［8］郭爱英. 浅谈园林植物配置［J］. 河北林业科技，2007（Z1）：56-57.

［9］陈　林. 植物景观配置设计的基本流程［J］. 广东科技，2007（12）：36-37.

［10］余树勋. 园林美与园林艺术［M］. 北京：中国建筑工业出版社，2006.

［11］胡长龙. 城市园林绿化设计［M］. 上海：上海科学技术出版社，2004.

［12］孙　岩，杨军. 生态学理论在城市园林绿化中的应用研究［J］. 中国农学通报，2009，5.

［13］郝日明，王智. 论《城市生物多样性规划》的编制［J］. 中国园林，2009，4.

［14］芦建国. 种植设计［M］. 北京：中国建筑工业出版社，2008.

［15］刘滨谊. 现代景观规划设计（第二版）［M］. 东南大学出版社，2005.

［16］张金屯，李素清. 应用生态学［M］. 北京：科学出版社，2003.

［17］胡长龙. 园林规划设计［M］. 北京：中国农业出版社，2003.

［18］朱钧珍. 中国园林植物景观艺术［M］. 北京：中国建筑工业出版社，2003.

［19］俞孔坚. 景观设计：专业、学科与教育［M］. 北京：中国建筑工业出版社，2003.

［20］何　平. 城市绿地植物配置及造景［M］. 北京：中国林业出版社，2001.

［21］赵世伟等. 园林植物景观设计与营造［M］. 北京：中国城市出版社，2002.

［22］刘滨谊. 现代景观规划设计［M］. 南京：东南大学出版社，2000.

［23］周武忠. 园林植物配置［M］. 北京：中国农业出版社，1999.

［24］吴涤新. 花卉应用与设计［M］. 北京：中国农业出版社，1994.

［25］薛聪贤. 景观植物造园应用实例［M］. 杭州：白通集团浙江科学技术出版社，1998.

［26］宗白华. 中国园林艺术概观［M］. 南京：江苏人民出版社，1987.

［27］唐学山等. 园林设计［M］. 北京：中国林业出版社，1997.

［28］［日］小形研三等著，索靖之等译. 园林设计——造园意匠论［M］. 北京：中国建筑工业出版社，1984.

［29］［日］白井彦卫. 庭园设计论［M］. 日本：千叶大学园艺学部庭园学研究室，1990.